"十三五"普通高等教育本科部委级规划教材

服装设计

许岩桂　周开颜　王　晖　编著

U0241516

国家一级出版社　　中国纺织出版社　全国百佳图书出版单位

内 容 提 要

本书主要内容包括：服装设计概述、服装设计造型要素及美学原理、服装的廓型及内结构设计、服装色彩设计、系列服装设计、服装设计风格、品牌服装设计流程、分类服装设计、服装流行分析与应用。编写思路清晰，内容结构合理，重点突出了服装设计的原则和方法，注重对服装专业学习者的系统理论知识和创新思维能力的培养，并列举了服装市场流行品牌的策划案例，具有很强的针对性和可操作性。

本书可作为服装艺术设计专业的专业教材，也可作为服装企业技术人员的学习参考书，并且对广大服装设计爱好者的自学也有一定的帮助作用。

图书在版编目（CIP）数据

服装设计 / 许岩桂，周开颜，王晖编著 . -- 北京：中国纺织出版社，2018.6（2023.3重印）

"十三五"普通高等教育本科部委级规划教材

ISBN 978-7-5180-4889-2

Ⅰ . ①服… Ⅱ . ①许… ②周… ③王… Ⅲ . ①服装设计—高等学校—教材 Ⅳ . ①TS941.2

中国版本图书馆 CIP 数据核字（2018）第 069546 号

策划编辑：孙成成 责任编辑：杨 勇 责任校对：寇晨晨

责任印制：王艳丽

中国纺织出版社出版发行

地址：北京市朝阳区百子湾东里 A407 号楼 邮政编码：100124

销售电话：010 — 67004422 传真：010 — 87155801

http://www.c-textilep.com

E-mail:faxing@c-textilep.com

中国纺织出版社天猫旗舰店

官方微博 http://weibo.com/2119887771

北京通天印刷有限责任公司印刷 各地新华书店经销

2018 年 6 月第 1 版 2023 年 3 月第 3 次印刷

开本：787 × 1092 1/16 印张：15.5

字数：201 千字 定价：49.80 元

前 言

服装是人类生活的最基本需求之一。早期社会中人类对服装的物质性需求较为明显，趋向于服装的实用性和功能性。随着人类文明和科学技术的进步，在人们物质生活水平提高的同时，对服装的精神追求越来越明显，它不再仅仅是一种物质现象，还包含着丰富的文化含义。现在，服装已不再单纯作为生活必需品而存在，服装功能的外延已经向社会文化和精神领域拓展，并作为人类生活状态中不可缺少的一种符号和象征而存在。服装成为一种非语言的信息载体，表明了一个人的身份、个性、气质和价值取向，其社会价值、文化价值乃至艺术价值越来越超越人类对服装的基本需求。

本书从服装设计的基本造型要素入手，提出了现代服装设计的相关理念。内容详细阐述了服装的细节设计、色彩设计、风格设计、系列设计，在分类服装设计中，细分了女装、男装、童装、针织装、礼服装的具体设计方法，并列举了市场流行品牌的策划案例，涵盖广泛，可作为服装艺术设计专业的教材。在本书的编写过程中，考虑到对服装设计学专业学生服装流行把握和品牌策划能力的培养，加入了服装流行分析和品牌服装设计流程两章内容，对服装设计学习者把握服装流行规律及流行作用在理论上有一定指导，同时对提高服装设计和品牌策划能力有一定的理论支撑作用。因此，本书可作为高等服装院校基础教材，并对服装专业学生的知识面有一定拓展。

本书编写时，为了满足教材相关内容的需要，引用了一些图表和同行学者的观点，在此特向原作者表示深深歉意和由衷感谢！

本书由许岩桂（第一章、第六章、第七章、第八章、第十三章）、周开颜（第五章、第九章、第十章、第十一章）、王晖（第二章、第三章、第四章、第十二章）编写，最后由许岩桂统稿。在编写过程中，得到江苏省几家服装企业和浙江大唐袜业的大力支持，在此深表感谢！

编著者
2018 年 1 月

目 录

第十一章 针织服装设计

第十二章 礼服设计

第十三章 服装流行分析与应用

第一章

服装设计概述

- 服装设计概念及基本理论知识
- 服装设计要素及灵感来源途径

第一节　服装设计概念及基本理论知识

一、服装的含义

　　服装的基本概念在广义上指一切可以用来装饰身体的物品，泛指穿在身上遮蔽身体和御寒的东西，狭义上指用织物等软性材料制成的穿戴于身体的生活用品。服装与其他物质相比最大的特点是在于它直接与人体发生关系，服装经过人的思考、选择、整理后穿到身上，这就有了一个设计与搭配的概念（图1-1）。在某种意义上，每一个穿着者都是设计师，专业设计师做的是第一次设计，而穿着者所进行的是第二次设计。服装中时髦、流行的款式称为时装，时装中的"时"除包含时尚的概念以外，还有季节和具体时间两个内容。

图 1-1　服装设计与搭配

二、服装设计的特点

　　服装设计是指创造前所未有的形式和内容以及物化的过程。设计与创作是两个并不相同的概念，创作是指纯艺术品的发生，而设计则是指生活用品的发生，虽然绝大多数情况下两者都可以成为商品，但两者在生产之前的酝酿阶段、成品后的流通方式以及使用时的存在方式都有着明显的区别。比如雕塑创作，雕塑家可以不拘形式的进行创作，而服装设计则要考虑生产的可能性、结构的合理性、穿着的舒适性等诸多因素（图1-2）。设计不一定要求所有的内容都是前所未有，它可以借鉴、模仿和改进，只要对已经存在用作参照的事物做细微的修改，哪怕是只有一丁点儿的不同，就具有了设计的意义。

　　服装设计是诸多应用艺术中的一种，其特点有：

图 1-2　创意领型设计

1. 以人体为造型基础

服装设计是以人体为依据进行的设计，而人体又是一个运动体，所以在构成形式、色彩搭配、比例分割上，必须以人体为依据并最终受到人体的制约。任何服装最终都要经过人体的检验，人体是检验服装设计好坏的最佳标准。在现代服装设计中，服装除了具有基本的防护功能外，审美功能也越来越重要，好的设计不仅能突出人体的优点，还能掩盖人体的缺陷。如旗袍可以强调女性的优美曲线，调整旗袍下摆的长短可以遮盖或凸显女性下肢长短的不同。

2. 设计要素符合服用功能

服装的设计要素是由造型、色彩、材料、结构、工艺等几大部分构成，绝大部分服装都具有一定的实用功能，如蔽体、防寒、避暑、防水、贮物等，评价服装设计的优劣，往往从设计与功能是否完美结合这几方面去判断。在现代服装设计中，除了特殊作业服外，服装的审美功能逐渐体现于保护功能之上，其构成因素尤其是审美因素越来越成为现代服装被社会认可的决定性因素，因此，好的服装设计是实用性与审美性的高度统一。

3. 反映所处时代特征

服装是折射人类文明和社会生活的产物，服装发展的历史与人类文明发展的历史密不可分，在不同程度上反映出当时的时代特征、审美特征、科技水平、风土人情、地理特征和宗教信仰等，人们可以很容易地从服装上判别与其相关的人文历史背景。同其他艺术形式一样，服装设计也要符合最基本的美学原理，而衡量美学的标准与社会时代紧密结合，不同的社会、不同的历史时期服装的审美标准不同，这也是服装流行预测的标准之一。

4. 艺术形式与现代工业技术相统一

服装设计看似艺术创作，却又不完全是艺术创作，它是艺术与技术、美学与科学的结合体。现代服装设计已不是以前作坊式的手工生产，而是设计与现代工业技术相结合的产物，所以在进行现代服装设计时，要同时具有艺术性的形象思维和工程性的逻辑思维，了解现代工业发展现状，才能实现最具流行和新鲜感的设计。即使是少量的以手工制作为特色的设计，也要考虑技术上的可实现性。

三、服装的构成要素

服装的构成是将头脑中出现的构思，逐步转换成具象的造型形式。作为物质状态下的服装，其构成有三大要素：

1. 服装设计

服装设计是服装生产的第一步，是对服装材料和服装制作手段的限定。服装设计包括两部分内容：服装造型设计和服装色彩设计。服装造型设计是对服装框架样式的确定，服装色彩设计是体现服装的整体或局部颜色。服装造型设计占第一位置，没有造型的色彩是无法实现的，而无论是服装造型设计还是服装色彩设计都需要服装材料做支撑（图1-3）。

2. 服装材料

材料是服装的物质载体，是赖以体现设计思维的物质基础和服装制作的客观对象，新颖的服装材料可以刺激设计灵感。服装材料可分为服装面料和服装辅料。面料是服装的最表层材料，决定了服装质地的外观效果；辅料是配合面料共同完成服装的辅助材料，可以保障服装内在和细节的品质。面料和辅料都存在着品质与流行的问题（图1-4）。

3. 服装制作

制作是将设计意图与服装材料组合成实物的加工过程，是服装产生的最后步骤。服装制作包括两个方面：服装结构和服装工艺。服装结构，也称结构设计，是通过对设计意图的解析对面料进行合理剪裁。服装工艺是借助手工或机械将服装裁片结合起来的缝制过程，决定着服装成品的质量。服装结构和服装工艺的关系是相辅相成，准确的结构是准确缝制的基础，精致的工艺同样是完美结构的保证，带有设计感的结构和精致的工艺同样可成为商家的卖点。在服装界有"三分裁剪七分做"的说法，虽不全面，却很有道理（图1-5）。

图1-3　服装造型与服装色彩　　　图1-4　服装材料的创意设计　　　图1-5　服装结构的创意设计

第二节　服装设计要素及灵感来源途径

一、服装设计的三要素

服装设计的三要素是指服装设计主要涉及的基本内容，包括款式、色彩和面料，要达到理想的设计效果，必须是这三要素的完美结合。

1. 款式

服装款式设计是指服装的外轮廓造型和内结构线条、零部件等细节设计。外轮廓决定服装造型的主要特征，按外形特征可以概括为字母型、几何型、物态型几大类，确立服装外形时需注意比例、大小、体积等关系，力求服装的整体造型优美和谐（图1-6）。服装的内结构线和零部件包括分割线、省道、领型、袖子、口袋、纽扣、腰节等，进行内结构线和零部件设计时，应注意线条的种类、布局的合理，既要提高服装的装饰性，又要考虑到服装的功能性。服装款式设计是在服装风格确定后进行的，最终都要达到风格统一的效果。

图1-6　造型优美的礼服

2. 色彩

服装中的色彩给人以强烈的感觉，视觉冲击力最大，所以有"远看颜色近看花"之说，在服饰总体搭配方面，其地位举足轻重，色彩具有表达感情的作用，织物材料不同的色彩配置会带给人不同的视觉和心理感受（图1-7）。如婚纱用纯白色表现纯洁高雅，中式礼服用红色表示热情华丽。进行服装色彩设计时，要根据穿用场合、风俗习惯、宗教信仰、季节、配色规律等合理用色，力求体现服装的设计内涵。此外，服装面料图案也是服装色彩中变化非常丰富的一部分，不同的图案在服装上有不同的表现形式，是服装上活跃醒目的色彩表现形式之一。

图1-7　强烈的服装色彩

3. 面料

面料是服装款式和色彩的载体，是服装设计中最起码的物质基础，它的性能特征和外观感受通常给予设计师创作的灵感（图1-8）。根据国际流行趋势的规律，流行色发布在先，随后是流行纱线和面料的发布，最后是流行款式的发布。所以在服装企业的设计人员大多依据面料生产厂家提供的时尚面料进行设计，此方法比较切合实际，容易把握流行。另一种方法是先进行服装设计，再去选择面料，此方法较多为创意、先锋派设计师和学校专业的师生所用。现代服装设计对面料的质感与外观要求越来越讲究，所以在设计时要合理运用面料的悬垂性、柔软性、塑形性等特点，同时还要研究织物表面所呈现的肌理效果与美感，使服装的实用性与审美性相结合，提升服装的品质。

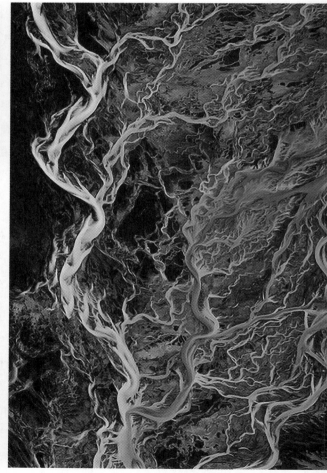

图1-8　能激发创作灵感的面料

二、服装设计灵感来源途径

灵感来源的刺激是多方面的，对于服装设计师而言，不但要对时尚、色彩和服装敏感，还要对各种艺术形式感兴趣，如音乐、建筑、历史、少数民族传统文化、宗教文化以及绘画，甚至街边涂鸦都有可能成为设计亮点。及时用笔记录是一个很好的习惯，瞬间由灵感激发出的设计想法或款式构思，不但可以丰富调研报告的内容，也可作为日后设计的参考。

研究灵感来源的途径，先要确立主题。主题的确立可以是具象也可是抽象，在此基础上再寻找具体的灵感来源。主题是一个大的设计框架，可以将设计整合在一起，有连贯性和系列感，如参加服装设计大赛、完成课堂作业或进行流行系列服装设计时，都会先确定一个主题名称。根据主题名称，具体到每个设计师的设计又可以有不同的小标题，主题或标题名称的设定可以是抽象的感觉（图 1-9）。

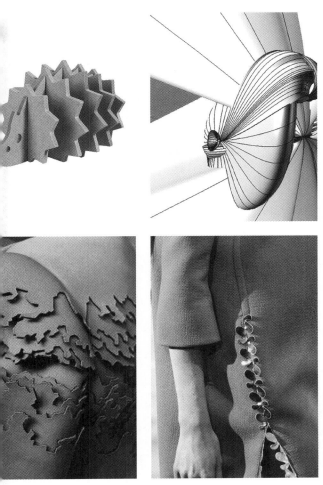
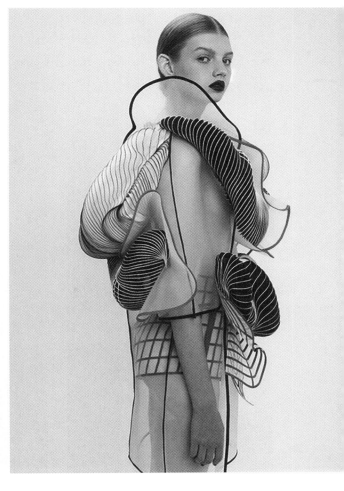

图 1-9 服装设计灵感来源

确立了主题之后，灵感就可以从以下几方面获取：

（1）网络：现代网络信息发达，是获取资讯最快捷的渠道，还可以利用网络得到最新的流行趋势、面料信息、科技成果、社会动态等。

（2）商场：已进入市场流通的服装最能代表当季流行，设计师可以零距离接触到最流行服装的面料、色彩、工艺，个性的橱窗陈列也同样激发创作灵感。

（3）博物馆：灵感的寻找是多角度的，不同的博物馆可以激发不同的创作灵感。如民族博物馆、历史博物馆。

（4）旧货或跳蚤市场：旧的书籍、家具、饰品都会带来灵感的启发，一些看似过时的东西，经过修改、创新可以重新被利用，成为新的流行元素。

（5）原材料：原材料本身就是主要灵感来源，如织物小样、调色板、古董面料、装饰性辅料等。

（6）图书馆：充分利用社区和学校图书馆的丰富馆藏可以获取民族服装和历史服装资料，利用历史服装和民族服装的既定风格来激发设计灵感配合现代服装设计手法，能在继承中创新。

灵感常常是一闪即逝，在头脑中长时间保留清晰的灵感形象很困难，因此及时做好灵感的记录工作很有必要（图1-10）。记录下的灵感一般是比较潦草而简单的，也并非每个灵感都适合用到服装上去，多画草图有助于提高设计速度，能迅速绘制设计草图也是灵感的专注性和增量性的表现之一。

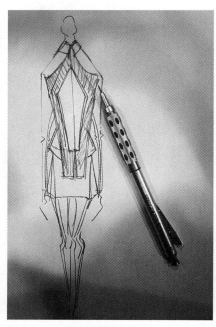
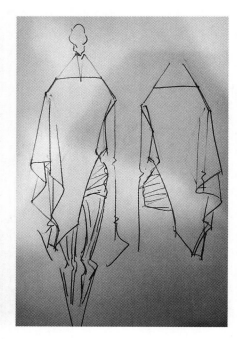

图1-10　灵感记录草图

第二章

服装设计造型要素及美学原理

- 服装设计四大造型要素
- 形式美原理在服装设计中的具体表现及运用方法

在服装设计中造型是服装风格的重要表现手段，造型是一种物化的可视性设计语言的体现，通过对服装材料不同造型手法的运用，可以使服装呈现出不同的面貌与风格。服装设计要遵循一定的美学原理，针对人类所产生的设计产品是符合一定的审美原理的物化产品，这种美学原理是形式美法则的重要体现。

第一节　服装设计四大造型要素

艺术设计当中，任何的造型设计都要归纳为点、线、面、体这四大要素的构成，对造型要素进行认识与分析可以更进一步掌握造型元素在服装设计和创作中的运用。造型是一种三维空间的构成形态，服装设计的造型首先依附于人体，人体的形态与结构特征决定了服装设计造型的特征；其次，造型以相应的服装材料为载体呈现一定的形态，材料对造型的表现起到了非常重要的作用，不同特性的面料所展现出来的造型是非常丰富多彩的；最后，色彩对造型设计的影响也是很重要的，色彩依附于造型而存在，对造型的表现有较强的补充作用。

服装设计属于视觉艺术与实用艺术的范畴，首先是以人体为基础的造型设计，其次是实现社会生活中实际需求的产品形式。在服装设计中，对四大造型要素的认识、分析与运用能力直接决定了设计的表现能力与整体把握的能力。对点、线、面、体进行单一造型要素的学习，能够更好地掌握服装设计的语言。

一、点、线、面、体的概念及构成

1. 点

点是存在于空间中没有长短、宽度和深度的东西，是构成服装造型最小的单位，也是最灵活最生动的设计元素。在服装设计中的点是具有位置、大小、色彩以及造型的特征。

点有单点、两点，还有多点的构成形式。单点的造型设计中，点的位置可以非常的自由、灵活，色彩可以变化丰富，材质可以与服装的主体设计有较大的差异。两点设计要注意两点之间的大小协调、位置协调还有色彩的相互协调。多点的设计则要注意点的组合、排列、分布的形式美，色彩与整体服装的协调性等问题。

点是最小的造型元素之一，既可以依附于服装也可以独立存在。具有很强的可变性与可调整性，服装造型中的点可以是一个胸针，可以是一朵花的装饰，可以是点状图案的存在，也可

以是具有一定面积和体积的纽扣，还可以是
商标的存在形式，既具有实用功能也具有装
饰功能。

　　点在服装的不同部位会给人们不同的
感觉，具有引人注目，诱导视线的作用，在
设计中合理运用点就能起到画龙点睛的作
用。造型元素根据在整体造型上的位置不
同所产生的视觉效果也是不同的（图2-1、
图2-2）。

2.线

　　点的连接就是线，线是点的移动轨迹，
线在空间中起着连贯的作用。点的运动轨迹
不同，可形成垂直线、水平线、斜线、曲线
等各种线型，在造型设计中线还有宽度、面
积和厚度，还有不同的形状和色彩、质感，
不是平面的线，是立体的线的概念。几何学
上的线是没有宽度的，但是现实和设计中的
视觉形态中的线，不仅有宽度，而且有丰富
的变化，是非常敏感和多变的视觉元素，在
设计中的作用也非常大。线条是艺术的重
要表现语言，或激情，或老辣，或气韵流
畅，或细致含蓄，都可以透过线条形态表
达出来。

　　在点、线、面中，线是最具有表情和
表现力的。力量和感情的变化都可以通过线
表达出来，是构成形式美不可或缺的造型元
素，根据线的形态变化以及排列方式的不
同，能够产生丰富的视觉效果与情感的表
达，在服装设计中也可以产生千变万化的设
计产品。

　　线可以分成直线和曲线。直线包括平行
线、虚线、交线、复线等；曲线包括弧线、
漩涡线、抛物线、双曲线、自由曲线、封闭
曲线等形式。

图2-1　上衣右肩的花朵图案成为点的装饰

图2-2　色彩丰富的纽扣不规则排列使服装看起来视觉元
素丰富

服装设计中造型的线可以是服装的外轮廓造型线、内部的结构线、服装裁片的分割线、比例的分割线等。装饰线可以是服装零部件的边缘装饰线、服装面料本身的线性图案以及悬挂在衣身上的线状装饰物等。

不同的线型有不同的性格与情感表达，成组的直线条表达运动感十足，如阿迪达斯的三条线的设计。直线尤其是粗直线更多体现坚强的、男性的特征，而 S 型线则更多地表现女性的特征。这都是不同的线所体现的不同的事物特征（图2-3~图2-5）。

3. 面

线的移动轨迹构成了面，面具有二维空间的性质。通常在视觉上，任何点的扩大和聚集，线的宽度增加或围合都形成了面。面给人的最重要的感觉是由于面积而形成的视觉上的充实感。面的概念也是相对而言的，相对于占面积很少的点和线状造型而言，面的特性是充实的、实在的、大面积的。

面的形状主要为平面几何形状。例如三角形、正方形、长方形、圆形等几何形状，还有一些不规则自由形状。面的虚实通过面料的厚薄与透明面料和非透明面料来表现，像薄纱等透明面料的使用就可以在整体造型上产生虚面与实面相呼应的效果。面在服装的造型设计上主要表现为服装的裁片、服装的零部件、大面积的服饰品与具有一定面积的工艺手法的应用。

服装中的面最主要表现在服装的裁片分割上，服装的裁片都相对的占有一定的面积，而且服装的裁片是要与人体相结合去进行分割设计的，所以，在常规服装的设计中，面所处的位置相对来说比较固定。服装上的零部件指的是帽子、领子、衣袖、口袋等的设计，这些部位的设计可以采用不同质感的面料或者不同色彩的面料进行拼接的设

图2-3　粗细线条的变化使服装具有丰富的层次感

图2-4　服装结构的强化处理使服装结构清晰

图2-5　不同色彩的装饰在服装上形成的线条

图 2-6　不同色彩的服装裁片形成的面　　　　　　图 2-7　不同面料及色彩的裁片形成的面

计，在服装上形成面的造型效果。工艺手法主要有通过褶皱、刺绣、钉珠、打结、印花等工艺手法在服装上形成大面积的视觉效果都可以称为面的造型。除了这些还有对裁片进行分割，简单的一款服装，如果对裁片进行不同方向的分割，或者是不同形状的分割都会给服装带来不同的面貌（图 2-6）。

　　在服装设计中使用面造型元素时，面的形式、构成方式以及数量会影响到服装造型效果和风格、特点。造型中的面如果是按照基本的服装结构进行设计时，服装的风格比较传统、优雅、经典，如果打破了基本结构进行解构的处理，或者是小块面的创意处理的话，则服装风格体现得更加前卫、时尚（图 2-7）。

　　4. 体

　　体是由面和面组合而成，具有三维空间的概念。面的移动轨迹形成体，面的重叠也可以形成体，体造型是立体的三维空间的视觉元素，设计中的体有一定的质感和色彩。体是具有长、宽、高和多平面、多角度的立体形，是点、线、面的综合体。不同形态的体具有不同的个性，同时从不同的角度观察，体也将表现出不同的视觉形态。

　　面的闭合形成体，面的扭曲、面的折叠都形成体。服装不同于其他造型艺术，依附于人体而造型，人体有正面、背面、侧面等不同体、面关系，所以在进行服装的面造型设计时，不能仅仅只注意二维平面还要注意人体的三维结构。

在服装设计中，体的造型是由衣身的体积感、较大零部件突出于整体服装或者服装细节设计有强烈立体造型感来体现的（图2-8）。

服装的体造型变化形成了丰富多样的服装造型风格，最突出体现在婚纱礼服等大体积造型的服装中，不同的体造型带来服装风格的变化（图2-9）。

二、点、线、面、体的相互关系与综合运用

点、线、面、体在设计学上的概念都是相对的，比如造型中的点，既是点的设计，形成视觉中心，由于造型设计中的点是有大小体积的，所以也是一个小的体，而点的有秩序、有规律的应用也可以形成虚线或虚面的视觉效果，点的大面积的应用就可以形成面，线大面积的重复应用也可以形成面，而面的重叠、扭曲则可以形成体，所以点、线、面、体之间是可以相互转化的。它们之间不同的组合形式可以完成四大元素之间的相互转化。在造型设计中它们并不是独立的存在，而是相对的存在。

根据服装的审美要求，在点、线、面、体综合运用的时候，应该以形式美法则的要求对造型要素进行调节，以达到良好的服装整体效果。在进行服装设计时，对各造型要素之间要进行比例、疏密、聚散、数量、大小、位置、方向、强调等手段的调节，以达到良好的视觉效果（图2-10）。

图2-8 夸张立体的口袋设计突出于整体服装

图2-9 肩部、腰部与裙身的创意设计使服装体感突出

图2-10 点、线、面、体的综合运用

第二节　形式美原理在服装设计中的具体表现及运用方法

　　探讨形式美法则是所有设计学科共通的话题。在日常生活中，美是每一个人追求的精神享受。形式美法则是人类在创造美的形式、美的过程中对美的形式规律的经验总结和抽象概括。研究探索形式美的法则，能够培养人们对形式美的敏感，指导人们更好地去创造美的事物。掌握形式美的法则，能够使人们更自觉地运用形式美的法则表现美的内容，达到美的形式与美的内容高度统一。形式美法则主要包括：和谐、重复与交替、旋律、渐变、比例、对称与均衡、对比、统一与协调、强调九种。

一、和谐

　　世界万物，尽管形态千变万化，但它们都按照一定的规律而存在，例如，四季轮回，日月星辰的活动，动植物的存在和生长都有各自的规律。爱因斯坦指出：宇宙本身就是和谐的。和谐体现在服装上指的是两种以上的要素，各要素之间相互关系，或者各部分与整体之间相互关系时，既能保持个体的独立与个性，又能够与整体保持风格的一致性，这就是所谓的服装上几种要素同时出现在一件作品上的时候就需要在统一的风格里体现各自的不同。单一的颜色或者是单一的线条根本谈不上和谐，然而几种要素具有基本的共通性和融合性才称为和谐（图2-11）。

二、重复与交替

　　重复指的是同一要素或者是同一组要素重复出现，从而产生的视觉上有秩序的美感，这是一种突出对象的手段。比较常见的如印花面料的图案形式。

图2-11　不同质感的面料同样的色彩与设计元素整体呈现和谐

在服装设计中，同样色彩的重复、同样造型的重复、同样纹样的重复是经常出现的设计手法，造型元素在服装上重复与交替使用，会产生秩序感和统一感，如在袖身多次系扎而出现的灯笼袖；在领边、底摆、袖口重复使用的花边；衣身上重复使用的纽扣、分割线、装饰线等。但如果在服装上重复使用形、质、色差异过大的要素，会造成整体服装的不协调和服装某部分的孤立，或者使得设计没有重点，因此，在运用重复与交替手法时，要注意形与质的协调（图 2-12）。

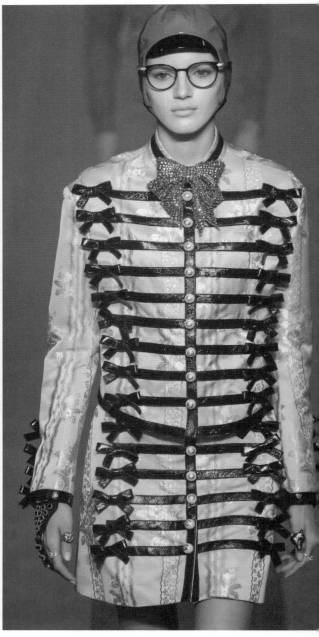

图 2-12　造型装饰图案的重复

三、旋律

旋律是音乐术语，属于音乐的概念范畴。在造型设计中，旋律是指造型要素有韵律感的排列。人的视线在随造型要素移动的过程中所感到要素的移动和变化，从而产生旋律感。总结起来旋律有五种类型：重复旋律、流动旋律、层次旋律、放射旋律和过渡旋律。

1. 重复旋律

在服装造型设计中，同一要素的重复，或者是同一间隔或者是同一强度产生的有规律的旋律称为重复旋律。

2. 流动旋律

重点体现在"动"字上面，想到流水，不受限制的自由的形态，连续的变化（图2-13）。

3. 层次旋律

按照等比、等差关系形成层次渐近、层次渐减或层次递进的一种柔和、流畅的旋律效果。

4. 放射旋律

视觉元素呈放射状出现，分为向内的放射和向外的放射两种形式（图2-14）。

5. 过渡旋律

在音乐中两种不同的旋律之间转换的时候需要有一个过渡的旋律形式做调节，在造型设计中两种跨度比较大的设计元素要同时呈现在同一件作品中时，需要有一个过渡的元素能够将两者连接并联系起来。

四、渐变

渐变是指某种状态和性质按照一定顺序逐渐的阶段性的变化，是一种递增或递减的变化。当这种变化按照一定的秩序，形成一种协调感和统一感时，就会产生美感。渐变在日常生活中非常多见，它是一种符合自然规律的现象，如月亮的阴晴圆缺，动植物生命个体的由小变大，都有这样的一个逐渐变化的过程。在设计中渐变的构成显示出渐增渐减的速度感。渐变运用在服装设计中主要有以下几种类型：

图2-13　裙摆的自然摆动形成流动旋律

图2-14　手臂和腰部的线条形成放射的旋律效果

1. 形状的渐变

由一种形状渐变到另一种形状。

2. 大小和间隔的渐变

基本形由大到小或由小到大的排列（图2-15），基本形的间隔渐变会产生远近的空间感。

3. 方向渐变

造型元素大小不发生变化，只是通过旋转手段方向发生了变化，可以造成平面空间中的旋转感。

4. 色彩渐变

色彩通过明度的渐变、色相的渐变、饱和度的渐变形成丰富的视觉效果（图2-16）。

五、比例

比例是指部分与部分或部分与整体之间的数量关系，它是精确详密的比率概念。早在古希腊就已被发现，是至今为止全世界公认的黄金分割比1∶1.618正是人眼的高宽视域之比。这种比例也应用在人体结构和服装的设计上，人体的结构将全身定位8个头长，头部长度与身体长度比例为1∶7。然后把人体以肚脐为界分成上下两部分，从头顶到腰节线等于全长的3/8，从腰节线到脚

图2-15 几何形的大小渐变

图2-16 色彩的渐变

跟等于全长的 5/8，腰节线到膝盖等于全身的 3/8，膝盖到脚跟等于全身的 2/8，每一部分的比例近似于黄金比例。我们在进行服装设计的时候通过对服装的结构、造型、色彩等的调整来美化人体，以求将人体的比例达到最优比例。

恰当的比例有一种协调的美感，成为形式美法则的重要内容。比例在服装设计中的运用主要表现为服装内外造型各部位的数量、位置关系；服装上衣长与下装长的比例关系；服装与服饰品的搭配比例；多层次服装各层次之间的长度比例；服装上分割线的位置；局部与局部以及局部与整体之间的比例；服装与人体裸露部分的比例关系等（图2-17~图2-20）。

图2-17 高腰节设计拉长了腿部的比例

图2-18 腰带的设计对服装整体进行了比例分割

图2-19 服装各层次之间的比例关系

图2-20 服装与人体裸露部分的比例关系

六、对称与均衡

　　对称指的是以某一基准线为中线，在中线的两侧造型元素完全一样的形式。在服装设计中，对称是指构成服装的各基本因素间，形成既对立又统一的空间关系，产生一种视觉上和心理上的安全感和平稳感。均衡指的是造型元素在重量感上达到平衡，是在大小、长短、强弱等对立的要素间寻求平衡的方式。左右不对称，但却有平衡感，也就是视觉上的平衡。例如，两个孩子重量不等玩跷跷板，其中较重的孩子就得挪近中心坐，才能保持双方平衡，较重的孩子接近中心，较轻的孩子远离中心，虽然左右不对称，但是能取得平衡。均衡形式需要较高的感知能力和创作技巧，还要有较好的判断力和审美观。不对称的均衡虽然不容易创作，但线条富于变化，显得柔和优雅，非常适合欢快华丽的气氛。对称与均衡在服装设计中多用于不对称服装的外轮廓设计、内结构分割或镶拼以及上下装的平衡设计中（图2-21~图2-23）。

七、对比

　　对比可以分为造型对比、面积对比、色彩对比。在服装设计中可以起到强化设计的作用，通过相互间的对立和差别，相互增强自己的特征，在视觉上形成强烈刺激，给人以明朗、活泼、轻快的感觉。但对比过于强烈，则

图 2-21　完全对称的设计

图 2-22　色彩与图案不同位置设计达到均衡的视觉效果

图 2-23　不同质感的面料创造的均衡效果

图 2-24　简单的服装款式与繁复的
花边装饰形成对比

会没有统一感，所以一定要在统一的前提下追求对比变化。对比运用在服装设计中，主要表现为服装外轮廓造型的款式对比；零部件或服饰品与服装整体形成某种形式的对比；质地反差很大的面料对比；服装色彩的对比等（图 2-24~图 2-26）。

八、统一与协调

统一是指在个体与整体的关系中通过对个体的调整使整体产生秩序感。协调是使得构成整体的各要素取得和谐的效果。在服装设计中，服装的造型、材料、色调、图案、细节等许多个体共同组成整体，只有当构成服装的个体相互统一与协调时，才能形成服装自身的整体美。同样，当服装与首饰、鞋帽、箱包、化妆、发型等统一时，就会构成着装的整体美，体现着装者的个性和品位。统一与协调在服装设计中的运用主要表现为在系列服装设计中，通过多种元素的统一与协调，使服装组合灵活多变而又具有统一美。服装中各部分裁片、服装部件与服装整体之间都用大小的统一与协调的观念来考虑（图 2-27、图 2-28）。

图 2-25　服装色彩的对比　　图 2-26　服装上下的款
式对比

图 2-27　上衣条纹针织与裤子竖条纹的采用同样
的色彩搭配，整体和谐

九、强调

强调是服装设计中经常使用的设计原理之一，它能够突出重点，使设计更具吸引力和艺术感染力。被强调的部分经常是设计的视觉中心。烘托主体，也是设计原则之一，它能够使视线一开始就贯注在最主要部位，然后向其他次要部位逐渐转移过去，使视线首先集中于最重要的主体上。卓越的作品，将使视线朝向最显著的特色，设法使视线远离身体中不足的地方。强调设计除了可以集中人的视线，还可以掩饰人体和设计中的某些缺点，强调人体的优点。强调可分为强调主题、强调工艺、强调色彩、强调材料、强调配饰。在服装风格设计中，强调廓型、细节、色彩、面料或者工艺中任何一个方面，都会使服装呈现比较明显的风格特征（图2-29、图2-30）。

图2-29 统一的色彩与肩部的创意造型强调了服装的色彩与面料的挺括

图2-28 服装装饰细节与整体风格的统一

图2-30 特殊的材料强调服装的风格特征

第三章

服装的廓型及内结构设计

- 服装的廓型设计及运用
- 服装的内结构线设计
- 服装部件设计

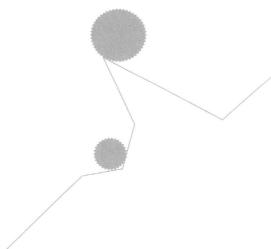

服装的廓型（Silhouette）原意是指影像、剪影、侧影、轮廓，在服装设计上引申为外部造型、外轮廓、大型等意思，它包含着整个着装姿态、衣服造型以及所形成的风格和气氛，是进行服装设计时最关键的表现因素。事实上，在欣赏一件服装作品时，首先产生印象的是两个因素：即色彩和外部造型。在服装设计中，廓型是设计的第一步，是主导服装产生美感的关键因素，同时也是影响设计和消费的首要或重要依据。廓型的设计带给人们的视觉冲击力大于服装的局部细节，服装廓型是最能反映服装的本质特征。

纵观中外服装史，服装的变迁是以廓型的变化来描述的。如 20 世纪 40 年代的 A 型、50 年代的帐篷型、60 年代的酒杯型、70 年代的 X 型、80 年代的 H 型等，由此可见，流行款式演变的最明显特点就是廓型的演变。在服装流行趋势的研究和发布中，如果抓住了服装造型中的共性特征，也就把握了服装流行的主流。因而，用廓型研究和发布服装流行趋势，已成为国际惯例。

服装外轮廓分为字母、几何造型和具体事物命名的分类方式。

一、以字母为分类方式

以字母命名服装廓型是法国服装设计大师迪奥首次推出的，最基本的有五种服装字母型轮廓造型：A 型、H 型、O 型、T 型、X 型。

字母型分类的主要作用是既简单又直观的表达服装廓型的特征，在五种基本字母型的基础上又引申 I 型、M 型、U 型、V 型、Y 型。

1. A 型

A 型也称正三角形，1955 年是由迪奥首创 A 型线，称为 A-Line。现代服装中常用于大衣、连身裙的设计，A 型线具有活泼、潇洒、流动感强、富于活力的性格特点。A 廓型在 20 世纪 50 年代全世界的服装界都非常流行，在现代服装中也一直有着重要的位置，被广泛用于大衣、连身裙等的设计中。在上装、风衣、连身裙等一般肩部较窄或裸肩的服装设计中，以不收腰、宽大的下摆为基本款式特征。而下装则以收腰、宽下摆为基本特征，如半身裙和喇叭裤等，均以紧腰阔摆为特征。此外，高腰线的设计以及逐渐展开的宽松下摆可以使人们把焦点从腰部转移，从而很好地掩饰腰及胯部，在女装以及创意类型的服装中应用的比较多（图 3-1）。

2. H 型

H 型也称矩形、箱形、简形或布袋形。其造型特点是平肩、不收紧腰部、简型下摆，可以在视觉上拉长身形，因形似大写英文字母 H 而得名。H 型服装具有修长、简约、宽松、舒适的

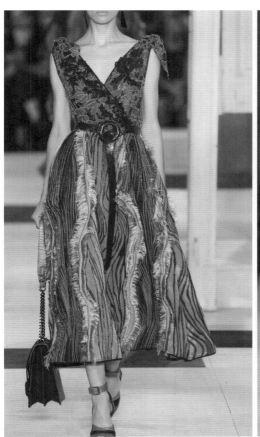

图 3-1　A 型裙装

特点。20 世纪 20 年代 H 型服装在欧洲颇为流行，1954 年由迪奥正式以字母型命名，1957 年再次被法国设计师巴伦夏加推出，被称为"布袋型"，20 世纪 60 年代风靡一时，20 世纪 80 年代初再度流行。H 型多用于运动装、休闲装、居家服以及男装等的设计中，其简洁流畅的线条表现中性气质。由于其长度和宽度的比例不同，所构成的外廓型的表面和名称也千变万化，如箱形、圆柱形、管字形、铅笔形等（图 3-2）。

图 3-2　H 型外套简洁大方

图 3-3 袖子造型使服装整体呈现 O 型

3. O 型

O 型呈椭圆形，其造型特点是肩部、腰部以及下摆处没有明显的棱角，特别是腰部线条松弛，不收腰，整个外部造型比较饱满、圆润。此类廓型可以掩饰身形上的缺陷，表现出宽松、休闲的体态。O 型线条具有休闲、舒适、随意的性格特点，在休闲装、运动装以及居家服的设计中用的比较多（图 3-3）。

4. T 型

T 型类似倒梯形或倒三角形，体现了中性化的设计理念，具有力度和刚感的性格特点。T 型常用肩部的变化来塑造上宽下窄的造型效果，例如，肩臂相连的款式，加垫肩支撑或者泡泡袖等，由此在视觉上弥补肩部过窄的缺陷。第二次世界大战期间曾作为军服式的 T 型服装在欧洲妇女中颇为流行，皮尔·卡丹曾将 T 型运用于服装设计，使服装呈现很强的立体造型和装饰性。T 型具有大方、洒脱、较男性化的性格特点，多用在男装和较夸张的表演装以及前卫风格的服装设计中（图 3-4）。

图 3-4 肩部夸张的 T 型女装

5. X 型

X 型线条是最具女性体征的线条，其造型特点是根据人的体型塑造稍宽的肩部、收紧的腰部、自然的臀形。X 型线条的服装具有柔和、优美、女人味浓的性格特点。在经典风格、浪漫主义风格、淑女风格的服装中 X 型用得比较多。目前流行的女装廓型中几乎每款女装必不可少的特点就是收腰，将女性的 S 曲线最完美地表现出来（图 3-5）。

二、以几何造型命名

如长方形、正方形、圆形、椭圆形、梯形、三角形、球形等，这种分类整体感强，造型分明。把服装的外轮廓造型概括为简单的几何造型，既可以是一种几何体的造型，也可以是多个几何体相结合的综合造型（图 3-6）。

图 3-5　X 型裙装

图 3-6　多个几何体的叠加形成裙子的造型

三、以具体事物命名

如气球形、钟形、喇叭形、酒瓶形、木栓形、郁金香形、铅笔形等，这种分类整体感强，造型分明。

大自然界中以及我们的生活中有着形态各异的事物，设计师在进行设计的时候经常会在自然界中与日常生活中汲取灵感，将我们熟知的形态与服装的设计相结合，能够产生很多有趣的设计。这些设计也可以根据相似的物象与灵感的来源进行命名，这样能够让人们更加形象地理解服装的设计作品（图3-7）。

图3-7 来源于大自然与生活中的服装廓型

第二节 服装的内结构线设计

服装的内结构指的是服装各部位与隔层材料的几何形状及相互关系，包括服装各部位外轮廓之间在造型上的关系，以及各部位内结构与各层材料之间的关系。服装各部位由于造型需要，各层各部位之间的缝合线的总称就是结构线。结构线属于二维空间，它包括省道线、公主线、肩袖线、分割线等内部结构线，它们将服装依据人体的起伏来分割和连接成多个面，由二维空间转化为三维立体空间。在现代服装设计中，结构线所具有的意义已经远远超过了结构线产生初期所具备的单纯的功能性，而进一步具备了塑造人体曲线以及装饰人体的作用。

一、内结构线构成的种类

服装上的线除了外轮廓线外，还有省道线、剪接线、分割线、褶裥线、装饰线，以及与衣片有关的各部位形体所产生的线条，如花边、腰带、领、袖、口袋等。服装设计就是利用不同线的性质特点，构成疏密有致的形态，并利用服装美学的形式美法则，创造出集艺术性、功能性为一体的衣着。服装的内结构线是服装形成的基础，是构成服装内在形态的关键线条。内结构线还具有生产的现实性意义，是编制工艺流程的主要参数。

1. 省道

省道是合体服装的代名词，省道的基本构成元素包括省底、省尖以及省道量的大小。省道应用的位置主要在人体高度起伏变化的部位，如胸、腰、臀之间存在的围度差异，肩部与背部、胸部的形态差异等。省道可以有多种表现形式，即使在塑造某一个部位形体的时候，也可以变换成多种不同的形式，例如，在塑造胸部造型的时候，省道可以出现腰省、侧缝省、腋下省、袖窿省、肩省、领省、前中缝省这些形式（图3-8），而每一种省道的选择都可以给服装带来不一样的呈现。省道作为内结构线，在实际服装的应用中应当注意两个原则：

（1）在进行结构设计时，要根据不同的服装风格和造型采用不同的形式和不同的省量，使省道的设计和服装本身的廓型相吻合。

（2）由于单个省量太大，会破坏横纱的平衡，因此对于合体甚至紧身的服装不能只通过一个省道来收取，可采用多省道的分解形式，配合多种处理手法来完成，这样既达到了设计效果，又起到了装饰作用。

2. 褶裥

褶裥是服装结构线的又一种形式。裥是在静态时收拢，而在人体运动时张开，比省道更富于变化和动感，裥的设计主要以装饰为主，一般有褶裥、细绸褶和自然褶三类。褶裥在服装中的应用极富变化，设计时既要以人体为依据，适应人体体型，又要在外观上符合人的审美。大小、形状、方向、位置、数量是褶裥设计主要考量的因素。褶裥在服装中主要有三种功能：一是合体功能，这与省道的功能一致；二是活动的功能；三是装饰功能。灵活的褶裥设计还可以产生动感（图3-9、图3-10）。

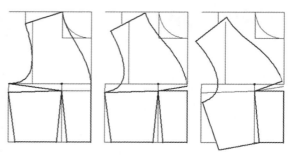

图3-8　胸省不同位置的设计

　　褶裥可以分成功能性褶裥、装饰性褶裥、功能性和装饰性同时具备的褶裥。有规律的褶裥在服装上呈现出秩序的美感；装饰性褶裥是服装款式的设计亮点，可以成为服装的设计特点，装饰效果突出，能给人一种有规律的、精致的视觉感受，如苗族女子穿的百褶裙就是很好的说明；功能性褶裥在很大程度上是设计师对款式设计造型过程中，出现的与人体活动及人体结构不相符合的情况下所使用的一个很好的塑形手段。

3. 分割线

　　分割是服装设计中常见的一种造型形式。通过分割线对服装进行分割处理，可借助视错原理改变人体的自然形态，创造理想的比例和完美的造型。服装中的分割线是指体现在服装的各个拼接部位，构成服装整体的线。在进行女装设计时，通常将省道转化成各式各样的分割线，这样既达到了收省的目的，又美化了服装，"公主线"就是将胸、腰、臀产生的省量合理分配到分割线中的典型代表，在视觉上使服装更贴合女性曲线。分割的方式不同服装所呈现出来的风格特征也会不同。分割自身具有认识新空间和运用新空间的价值，恰当的分割可以更好地结合与重组，实现裁片之间色彩与材质的组合与对比。通过分割，可以使服装作品获得更新、更完美的利用空间。服装的分割首先要以人体结构为基础，其次按照一定的形式美法则进行服装的分割设计。

　　服装上的分割线可分为功能性分割线（如公主线）和装饰性分割线。分割线的形态有纵向分割线、横向分割线、斜向分割线、自由分割线等，此外在形态上还常

图3-9　有规律的褶裥

图3-10　对开式褶裥

采用具有节奏旋律的线条，如螺旋线、放射线、辐射线等（图3-11）。

二、各种线型在服装设计中的运用

线有粗细、宽窄、方向、形状、色彩、材质的变化。线条的不同种类和性格，在服装中形成不同结构、款式和迥异的风格。服装上的线条可以分为垂直线条、水平线条、斜线条、断续线条、折线线条、曲线线条等。

1. 垂直线条

垂直线给人向上延伸，高耸的感受，目光随垂直线移动产生流畅、上升、苗条的感觉。粗直线条具有严肃、冷硬、清晰、单纯、理性的表情和强烈视觉冲击。细直线条具有轻快、敏感、活泼的感觉。在服装上的垂直线条有拉开原有比例，拓展高度的作用。由于视错影响，面积越窄看起来越显得修长、挺拔。垂直线的性格是正直、刚强、快速、严峻、冷硬、清晰、单纯、轻快、强劲、理性，给人以坚实感。垂直线一般用于直线分割（刀背线、公主线）、开口线、屏形开口线、垂直褶裥、止口线、口袋线等（图3-12、图3-13）。

2. 水平线条

水平线让人联想到水平面、地平线等事物，有引导目光向左右滑动的作用，使视觉对横向幅面有强烈的印象。水平线作用于服装上会增加宽度、给人以柔和连绵不断的感觉，但水平线的数量增多，性格就改变了，同等间隔的水平线增加数量，能引诱视线移向上下方，产生高度感，从而丧失水平线原有特点。水平线的性格是安定、稳重、理性、静止、安详、平等、柔和、沉着、硬冷、

图3-11 服装上不同的分割线带来服装风格的变化

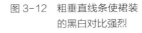

图3-12 粗垂直线条使裙装的黑白对比强烈

图3-13 侧缝处的垂直线条使裤子结构清晰

宽广。水平线用于育克线和其他横向剪切线、下摆线、一字领、方领横开领线、腰节线、腰带线、口袋线（图3-14）。

3. 斜线条

介于直线与垂直线两者之间，其倾斜度的不同使斜线有接近直线或水平线的特征。45°的斜线，视线移动距离加长，显得修长，具有掩饰体型的作用，对于胖瘦体都合适。斜线的性格是动感、轻盈、不安定、混淆。斜线条一般用于驳口斜线、V字型领围线、斜形分割线、开口线、喇叭线等（图3-15）。

4. 断续线条

断续线条虽属于直线，但比直线柔和多，

图3-14　粗细不一横向分割线使服装层次感加强

表现出动的感觉，富有变化，并能引起视觉上的连贯、跳跃，是强调衣服款式结构、装饰趣味的一种设计手法。断续线的性格是柔软、温和、活泼、跳动。在服装设计中，断续线多用于纽扣的排列、手缝装饰线、刺绣针迹、装饰性压线等，如牛仔服上的装饰性线迹（图3-16）。

5. 折线线条

折线线条是介于直线与曲线两者之间，外观形状看上去虽属于直线却有弯曲度，比直线显得温和，但有棱角感。折线的性格是刚毅、刺激、跳动、对立、不安定。折线由于不同的转折

图3-15　斜向分割线使服装看起来富于变化　　　　图3-16　连续的点形成断续线条

点有不同的类型，可分为波折线、螺旋线、锯齿线等。

（1）波折线变幻无穷，无拘无束，有轻松活泼的感觉，在服装设计中多用于晚装、婚纱上的装饰、门襟、领围线装饰，形成一种旋律美感。波折线具有优美、轻盈、安详、柔美的性格。

（2）螺旋线，纤细的螺旋线多用于编带、刺绣、镶边以及立体设计造型装饰上。粗犷的螺旋线多用于女孩子的裙装上。

（3）锯齿线，在服装设计中运用锯齿线是增添服装趣味性的手法之一，如童装上的锯齿形镶边，女孩服装的下摆、门襟、领围线以及针织服装上的装饰等（图3-17、图3-18）。

6. 曲线线条

曲线线条是最适合人体曲面起伏的设计用线，服装的侧缝线、省道线、分割线都是根据人体体积曲面而组成的，在服装上起着独特的装饰和塑型作用，肩线、领线、口袋线用曲线处理，会表现出动人的视觉效果。曲线的性格是优美温柔有女性感，由于服装上使用的曲线条类型较多，使用部位和装饰方法各异，形成不同的意味和特征（图3-19）。

图 3-17　波折线使整套服装轻松活泼

图 3-18　以折线为主要装饰手法的裙装设计　　图 3-19　曲线设计活泼生动

第三节　服装部件设计

　　服装的部件设计与主体结构构成一个完整的造型，在进行服装部件设计时，不仅要使细节有良好的功能，同时还要使其造型与服装整体的造型相协调。服装的细节是构成服装造型的最小组成单位，如领、袖、口袋、门襟、纽扣等，它们不仅有各自的功能特点，又有独特的装饰性。随着设计手法的日益多样化，许多普通的零部件借助新的工艺及装饰产生了丰富的外观效果，有助于服装整体造型塑造和主题的表达，赋予服装创意与美感。

一、衣领设计

　　衣领靠近脸部，所以领型的设计在服装整体造型中起着极其重要的作用。衣领不仅具有防尘保暖的功能性，还有对服装进行装饰以及协调服装整体的作用，对服装的外观美及穿着舒适性影响极大。在女装设计中，领型是变化最多的部件。

　　衣领可以分为无领、立领、翻领、驳领、连衣领、偏侧领、装饰领等。

1. 无领

　　无领是最基础的领型，保持了服装的原始状态，多用于夏季服装与内衣家居服的设计，无领就是衣身上没有加装领的领型，领口的线型就是领型。无领的设计主要根据变化丰富的领围线作为领型。无领领型包括一字领、圆领、U型领、V型领、方形领、梯形领等。在设计无领领型时，要注意领口的大小，既能适合人体穿脱，又不会在低头弯腰时产生不便。另外，无领设计也可以结合内外翻边、滚边或镶边、点缀等工艺手段处理，使领型效果更加丰富（图3-20）。

图 3-20　裙装的无领设计

2. 立领

　　立领是领座围绕脖颈，并竖立在领圈上的领式。立领呈封闭型，给人以挺拔、庄重的感觉，多用于传统服装的设计中，如中山装、旗袍、中式袄、军便装等。在立领的设计中，可通过领尖的方圆、曲直、大小、翻折来变化，也可以通过领座的高低、与脖颈之间的松紧来调整和丰富立领的造型风格（图3-21）。

图 3-21　立领设计

3. 翻领

翻领是领面外翻在衣肩上的一种领型。翻领的构成方式有两种：一种是没有领座直接翻在衣服上；另一种是有领座，领面由领座撑起再翻下来的领式。由于翻折领面的宽窄长短、领子开口位置的深浅大小以及领外口线的变化等形成造型各异的领型（图 3-22）。

图 3-22　翻领设计

4. 驳领

驳领是衣领与驳头连在一起再翻折的领式，通常领子开口位置较深，领面较长，注重翻领与驳头之间的比例关系。驳领有平驳领、戗驳领、连驳领等形式，变化范围较为广泛，多用于西服、外套、大衣，有扩胸宽肩的作用和庄重规整的视觉效果（图 3-23）。

图 3-23　戗驳领西装

5. 连身领

连身领是指从衣身上延伸出来的领子，连身领在造型上与立领有些相似之处，但就其结构来看，立领与服装的主体是分体组合而成的，而连身领与服装主体是一体的。在风格上，连身领具有立领一样的东方情调，典雅、含蓄。由于衣身与脖颈有一个明显的弯曲度，所以连身领的领子不能过高，而且连身领对面料的选择也有一定的局限性，过分柔软的面料效果不理想，适合较硬挺的面料（图 3-24）。

6. 偏侧领

偏侧领是不对称的领型，多用于女士外套、大衣、套装等服装，偏侧领的服装显得活泼、浪漫，富有变化（图 3-25）。

7. 装饰领

装饰领主要指带有装饰性的领型，一般用于礼服设计，应用多种装饰手法，使领子更好的装饰脖颈与前胸（图 3-26）。

图 3-24　连身领设计

图 3-25　不对称的领子设计

图 3-26　领口的褶皱装饰

8. 创意领型

在服装设计中，结合以上几种基本领型的设计特点，运用多种装饰材质和装饰手法，进行综合创意领型设计，达到唯美的理想效果（图 3-27）。

图 3-27　各种创意领型

二、衣袖设计

人的手臂是人体上活动幅度及范围都比较大的部位，因此衣袖的设计既要考虑衣袖的造型要符合手臂能弯曲、能伸张自如的活动功能，还要考虑遮掩肩、臂的实用功能。衣袖造型多种多样，从外形上分类，可分为无袖、装袖、连肩袖、插肩袖四大类。

1. 无袖

无袖即没有衣袖的袖型，仅在袖窿处进行一定的工艺处理或装饰点缀。无袖是现代女装中常用的一种袖型，尤其是夏装和礼服设计中，多裸露肩臂，显示人体肩臂的美感。无袖的设计主要包括袖窿的深浅大小以及袖窿边缘的沿饰，如花边、皱褶、滚边、包边等（图3-28）。

2. 装袖

装袖是将袖片裁剪好，然后缝制到衣身上的袖型。装袖既可表现创意的静态立体造型，又可通过归拔的处理手法使袖子呈现符合人体手臂曲线的形状。装袖的袖片设计分为袖山设计、袖身设计、袖口设计。袖山设计形成的典型案例如泡泡袖、羊腿袖、灯笼袖等；袖身设计的变化主要在袖肥、长短与袖片上的装饰三个方面；袖口设计的焦点往往在袖口的松紧程度、袖口的拼接与装饰上，如袖克夫、罗纹松紧、袖襻、花边等（图3-29）。

3. 连肩袖

连肩袖是衣袖与衣片完全或部分连在一起的袖型，其特点是没有袖窿线，我国古代和传统服装多采用这种袖型，这种袖型缝制简便，具有自然淳朴之风（图3-30）。

图3-28　无袖设计

图3-29　装袖

图3-30　连肩袖设计

4. 插肩袖

插肩袖是袖子与过肩连在一起的袖型，糅合了连肩袖装袖的特点。其特点是将袖窿线由肩头转移到了领窝附近，使得肩部与袖子连接在一起，视觉上增加了手臂的修长感，因此运动装多采用此袖型。插肩袖还具有穿着合体、舒适的特点，经常用于大衣、风衣、外套的设计中，尤其适合老年人和儿童穿着。插肩袖的设计特点主要在分割线的造型上，有抛物线形、马鞍形、肩章形等，给服装设计带来了不同的构想（图3-31）。

5. 其他创意袖型（图3-32）

图 3-31 插肩袖设计

图 3-32 创意袖型

三、口袋设计

口袋是缝制在衣服上能存放物品的空间。从功能上分析，衣袋有插手、存放小物品等使用功能。口袋的设计主要包括口袋位于衣身的位置，口袋袋盖的外形不同；口袋的装饰方法以及口袋的缝制工艺等。

1. 贴袋

贴袋是一种基础袋型。是将面料裁剪成所需要的形状直接缝合在服装上的口袋。贴袋袋面用明线绢缝，因此有明显的线迹轨道、针距大小以及缝线的粗细和颜色。贴袋形状变化丰富，可做装饰处理，如加饰件、袋面上开袋、袋内设袋等。贴袋的应用很多，尤其在童装的应用中是最吸引人的地方。贴袋的特点就是可以自由地变化，工艺手法也可以多样，设计最不容易受到限制（图3-33）。

2. 插袋

插袋是在服装的上下、左右、前后衣片接缝缝合时，预先留出一段距离不缝合，将口袋的开口处设计在服装的接缝预留处。插袋属于暗袋，其造型变化主要在袋口的明缝线、形状、镶边、拼色等方面。插袋的隐蔽性非常好，与接缝处可以浑然一体，多用于经典服装的设计中（图3-34）。

3. 挖袋

挖袋是指直接在衣片上开口形成的口袋。挖袋的位置根据具体功能要求而定，开口有横开、竖开和斜开。挖袋的特点是简洁明快，外观看起来只在衣片上留有袋口线，多用在正装的设计中，例如西装的暗袋（图3-35）。

图3-33 贴袋设计　　　　　　　图3-34 裤子的插袋设计　　　　　　图3-35 对称的斜挖袋设计

四、门襟设计

门襟属于服装开口处理形式的一种，由于服装穿脱的功能需要，决定了其形式特点。在服装设计中，由于审美的需要，常结合结构合理性和艺术欣赏性对门襟作修饰性强调，同时也反映不同款式风格的服装需要，所以门襟是服装的两大功能——实用功能和审美功能相结合的载体。门襟根据服装前片左右两边是否对称可分为对称式门襟和偏襟。对称式门襟也称中开式门襟，门襟开口在服装的前中线处，大多数服装都使用对称式门襟，比较严谨正式的服装如西装、军装等必须使用这类门襟（图3-36）。偏襟也称侧开式门襟或非对称式门襟，偏襟的设计相对比较灵活，多运用在前卫服装及民族服装设计中（图3-37）。门襟根据是否闭合还可分为闭合式门襟和敞开式门襟，闭合式门襟通过拉链、纽扣、绳带等不同的连接设计将左右衣片闭合，这类门襟比较规整实用，使用的最多（图3-38）；敞开式门襟就是不用任何方式闭合的门襟，如披肩式毛衣、休闲外套等多使用这类门襟（图3-39）。

图3-37 侧开式门襟

图3-36 对称式门襟　　　　　　图3-39 敞开式门襟　　　　　　图3-38 闭合式门襟

五、连接件设计

闭合是服装的一个主要设计要点，为了服装的穿脱方便，实用性强，服装设计中连接件的选择是非常重要的，连接件属于服装辅料，有拉链、绳带、纽结等形式。这些连接件在现在的服装设计中不仅要体现功能性的设计，还要能作为服装的设计细节点来进行设计考虑。

1. 拉链

拉链是服装中常用的服装辅料，主要用在上衣的门襟闭合；口袋的袋口以及大衣和羽绒服的帽子与衣身的连接；袖子与衣身的链接等，总之在服装组合在一起的设计中，拉链是不可或缺的连接件。拉链有多种材质与型号，如金属、尼龙、塑料等材料，不同材质的拉链配合不同型号的拉链，可以给服装带来不同的视觉感受（图3-40）。

2. 绳带

绳带是常用的连接手段，运用于风衣、大衣、羽绒服、运动服等服装帽子、领口的设计；运动裤裤腰、裤脚、裙子的腰头与底摆的设计中。绳带的颜色、粗细、材质变化丰富，绳带的应用能够很好地与服装的整体风格相协调（图3-41）。

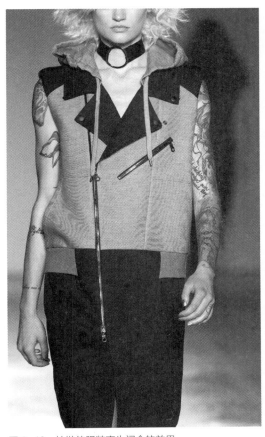

图3-40　拉链使服装产生闭合的效果　　　　图3-41　绳带的装饰设计

3. 纽结

纽结也是具有功能性与装饰性的服装连接件，在服装设计中如果需要调节袖口、裤腰、腰围等部位的围度时纽结的应用是非常普遍的。最常用的装饰性与功能性突出的纽结设计就是中式服装上盘扣的应用，例如旗袍盘扣的应用（图3-42）。

4. 黏扣

黏扣也称子母扣、搭扣、魔术贴，是在需要连接的服装部位两边配对使用的带状连接设计。黏扣的特点是便捷，使用非常方便，在儿童鞋的设计、包袋的设计、服装领口的闭合设计中的应用比较多。

图3-42 纽扣的装饰设计

第四章

服装色彩设计

- 服装色彩综述
- 服装色彩的搭配与组合
- 服装色彩与面料

第一节　服装色彩综述

服装色彩与配色设计是服装设计的一个重要方面，色彩在服装设计美感因素中占有很大的比重。研究表明，人类大脑在处理和辨认物象时，65% 的信息来自对色彩的感受，35% 来自对形象和材质的感受。色彩作为服装美学的重要构成要素，将其适当地搭配处理就成了服装设计的主要任务之一，适当的色彩效果不仅会改变原有的色彩特征及服装风格，产生新的视觉效果，还会体现出人物的精神风貌甚至时代效果（图 4-1）。随着国际社会的繁荣稳定，人们对于服装的要求也越来越高。人们对自身美感的认知，对自身服装色彩的审美也不断提高，使更多的机构和部门对于穿着色彩展开了新的研究和探索，产生了国际性的色彩研究机构。

服装色彩的设计，包括对组成服装色彩的形状、面积、位置的确定及其相互之间的处理，要根据穿着对象的特征进行综合考虑与搭配设计。服装搭配设计一方面是服装整体诸要素的搭

图 4-1　丰富的色彩与图案体现了现代服装风貌

配，如：上下衣、内外衣；衣服与鞋、帽、包的匹配；面料与款式；衣服与人；服装与环境等，它们之间除了形、材的配套协调外，最终的整体表现效果都要通过色彩的对比或调和，如主次、多少、轻重、进退、浓淡、冷暖等关系体现出来。另一方面，服装的色彩是通过服装来表现的，服装的造型直接影响到色彩的表现，色彩的传达效果又离不开面料的肌理，服装色彩无法被孤立地从服装造型或材质中抽离，而是应当和服装整体所要传达的意念保持协调一致（图4-2）。服装色彩设计还受流行趋势、穿着对象和环境场合等诸多因素的影响，对服装色彩的研究跨越了物理学、心理学、设计美学、社会学等多个学科，因此服装色彩设计是一项复杂的工作。

图4-2 特殊材质的服装色彩

第二节 服装色彩的搭配与组合

色彩分为两大类，即无彩色与有彩色，无彩色包括黑色系、灰色系、白色系等，而有彩色则包括红、橙、黄、绿、青、紫等各纯色系，以及各色所演化而产生的各种色彩。

一、无彩色的搭配设计

以黑、白、灰等无彩色系组成的色彩组合，它们是服装中最为单纯、永恒的色彩，有着合乎时宜、耐人寻味的特点。无彩色与无彩色搭配，是永无禁忌、永远美丽的组合，如果能灵活巧妙地运用组合，能够获得鲜明、醒目的配色效果。常见的黑白条纹、格子，黑、白、灰的交互配色，那种明显、清晰、自成一局，不受任何色彩感情因素影响的风格，也是许多人所钟爱的配色。无彩色中不同灰色调的强弱对比，效果雅致、柔和、含蓄，给人一种朦胧、沉重感。在进行无彩色服装色彩搭配时，需注意大小面积或大廓型与小廓型的对比（图4-3）。此外，无彩色因光泽明度的不同，会有许多变异体，如白色会有纯白色、浅白、粉白、乳白、米白等不同。

图4-3　无彩色的搭配设计

二、无彩色与有彩色的搭配设计

　　无彩色没有强烈的个性，因此与任何色彩搭配都能取得调和的效果，它们之间互为补充、互为协调，既和谐又醒目。无彩色属于中性色彩，具有不偏向任何色彩的特性，因此也常被用作缓和色与色之间不协调现象的缓冲。在服装配色上常可看到，当上衣与裙子色彩处于排斥状态时，往往可以用黑、白或灰色来分隔出两个色彩，同时也缓和了两色对立的生硬感。此外，无彩色常作为主色或底色使用，也就是大面积以无彩色为主，再配以其他有彩色，那么这个色彩效果将更显得明亮鲜艳（图4-4）。通常情况下，高纯度与无彩色配色，色感跳跃、鲜明，表现出活跃灵动感；中纯度与无彩色配色表现出的色感柔和、轻快，突出沉静的性格；低纯度与无彩色配色体现了沉着、文静的色感效果。

图 4-4　无彩色与有彩色的搭配

三、有彩色之间的搭配设计

1. 同一色的搭配组合设计

同一色是指在色相环上 0°~15° 范围的某一色彩或两种色彩。由于是同一色相，色相之间处于极弱对比，搭配时色彩易给人一种温和安静感。同一色相组合还可通过色彩的明度、纯度变化以达到不同设计效果，例如，蓝色系中加黑、加白或加灰，会产生暗蓝—深蓝—鲜蓝—浅蓝—淡蓝的效果。任何一个色相系统都可按此归类成一个大家族，在每一个色系中它们都有共同的色素，就像同一个家族中的各个成员，它们都拥有共同的血统一样。

同一色的配色在所有配色技巧中是最简单、容易的，不管是两色或多色的搭配，它永远都是安稳、安全、妥当的安排，因此也就没有调和与不调和的问题，配色的失败率几乎等于零。所以，凡是同类色的配色，都可放心大胆地去使用。不过，搭配的方式不同，也会产生些细微的感觉差异，如色阶差距太小则有温和的调和感，但也可能因气氛太平淡，缺乏活力；如采用色阶差距太大的配色，则较具活泼感（图 4-5）。

图 4-5　同一色的搭配组合

2. 邻近色的搭配组合设计

邻近色是指色相环上任意的毗邻色彩，色彩之间约呈 15°~45° 的范围，如红色的邻近色是橙色和紫色，黄色的邻近色是绿色和橙色，蓝色的邻近色是紫色和绿色。邻近色的色彩倾向近似，具有相同的色彩基因，色彩之间处于较弱对比，色调易于统一、协调，搭配自然。若要产生一定的对比美，则可变化明度和纯度，如蓝色和紫色属邻近色，如果提高或降低其中一色的明度或纯度，则会产生明显色彩差异（图 4-6）。

图 4-6　邻近色的搭配组合

在色相环上，邻近色搭配由于左邻右舍色彩的不同倾向，整体效果完全不同。以红色为例，红色的邻近色包括橘色和紫色。红色与橘色相配，色调更暖，表现出隆重而热烈感；红色与紫色相配，色调偏冷，带有高贵和奢华感。此外，黄色也具有相同情况，其邻近色是橘色和草绿色，黄色与橘色搭配表现出明亮而火热感，与草绿色搭配表现出清新而爽快感。此外，当邻近色的色彩饱和度高，色阶明快、清楚，因此搭配时感觉上也较为生动活泼、年轻有朝气，但如果是远邻的邻近色搭配，由于共有色素渐减，有时也会形成轻浮、不协调的感受，此时面积大小的比例，就必须成为考虑的因素。

3. 对比色的搭配组合设计

对比色是指在色相环上约呈 120°~150° 范围的任何两种色彩，色彩相距较远。由于色彩相处关系接近对比，色彩在整体中分别显示个体力量，色彩之间基本无共同语言，呈现较强的对立倾向，因此色彩有较强的冷暖感、膨胀感、前进感或收缩感。过于强烈的对比，易产生炫目效果，例如橙与紫、黄与蓝、绿与橘等。对比色相较能体现色彩的差异性，能使不起眼的色彩顿显生机。如本具有忧郁倾向的蓝色与黄色相配时，由于黄色的跳跃和动感衬托，也显得活泼些（图 4-7）。

图 4-7　对比色的搭配组合

4. 补色的搭配组合设计

补色是指色相环上约呈 180° 的两种色彩。补色对比是色彩关系在个性上的极端体现，是最不协调的关系。两种互相对立，互相呈现出极端倾向，如红与绿相配，红和绿都得到肯定和加强，红的更红，绿的更绿（图 4-8）。

图4-8 补色的搭配组合

补色色相组合在视觉心理上能产生强烈的刺激效果，是服装色彩设计的常用手法，能使色彩变得丰富和夺目，显示浓浓的活力和朝气。但运用补色对比需要有高超的色彩观，运用低纯度、高明度或明度差、纯度差，能产生相对协调效果，变不和谐为和谐；否则极易产生生硬效果，成为设计的败笔。

为使补色对比产生悦目和谐效果，常采用以下几种方法：

（1）提高或降低补色色彩明度，将补色双方的明度共同提高或降低，稀释补色色彩的浓郁程度，缓解原本强烈的补色关系（图4-9）。

图4-9 色彩明度的改变减缓了色彩产生的视觉冲击

（2）在补色色彩之外加入其他具有明度差异性的色彩或无彩色，通过在补色色彩之间加入其他色彩，避免补色双方直接接触，起到缓解作用（图4-10）。

（3）拉开补色之间的面积差，将补色相互之间的面积形成差异性，使一方面具有压倒性的力量，能有效解除因色彩强烈对比而产生的刺激感（图4-11）。

图4-10　大面积的低纯度色缓和了红色与绿色的对比

图4-11　大小面积差缓解了补色的视觉冲击力

四、多色彩的搭配及运用

多色搭配是指四色、五色或六色的搭配，多个色彩调和的方法，通常要以其中一个色彩为主色，其他色彩为副色，而副色最好能与主色成类似色，由副色加以明度或彩度的变化，来达到多色变化的调和效果。

此外，多色调和的情形，也有多色都处于均势的时候，即常见的三色调和、四色调和、六色调和等。如在 12 色相环内，任何内接正三角形或等边三角形、四方形或方形等，由几何图形之角所连接的色彩，都可以得到多色搭配上的均势调和（图 4-12）。

图 4-12　多色调和的的服装色彩

第三节　服装色彩与面料

一、服装色彩与面料的关系

服装色彩是通过面料来体现的，面料是服装色彩的载体。不同的服装面料由于原料组织结构和制造方式不同，表面肌理纹样和花色图案不同，面料的反光力、着色力就有了强弱程度的不同，不同色彩在服装面料上就各具特性，即使是相同的色彩也会有不同的感觉。例如，有光泽的面料由于反射作用，面料原本色彩随受光面的转移而不断变化，色彩明度和纯度高，给人以流动变幻的感觉，然而，同样色彩附着在无光泽面料上，明度和纯度明显变低（图 4-13）。又如，尽管使用同一种颜色的染料，由于原料吸色程度的差异，可能在丝织面料上色泽鲜艳，而在棉、麻织面料上则明度和纯度偏低，色泽陈旧。

服装设计中，色彩与面料还具有相互衬托作用。当色彩与面料搭配得当时，不但使色彩更有个性，而且可更好地衬托面料的特点和气质，或弥补色彩的单调，或弥补面料的某些不足。例如，服装色彩为同一色调时，可利用面料的肌理和质感变化来打破色彩的过于平淡，既赋予单一色彩丰富的变化，又突出面料的个性，使一种颜色演绎出不同的情调与风格（图 4-14）。又如，服装色彩为多色调时，面料的肌理和质感应趋于单纯，应突出色彩自身的感染力，同时

图 4-13　同一色彩的不同光泽体现

也能掩盖某些面料的较差质地。

二、色彩与面料在服装设计中的应用

　　色彩与面料设计不仅需要对色彩的感染力进行必要的渲染，还要对面料的肌理进行独特处理，使之与服装整体风格相和谐，力求准确表达设计师的设计理念和内涵，才能使服装设计形成极其独特的、完美的艺术效果。服装从色彩与面料两方面进行表现，具体可分为同色同质、同色异质、异色同质、异色异质等四种形式。

图 4-14　同一色彩不同面料的质感体现

　　1. 同色、同质、同肌理搭配

　　在服装设计中应用相同的色彩、相同肌理的同质地的面料，来表现不同的造型款式。这种表达效果形式整体统一，但较为单调，可以靠设计的变化和款式错落来丰富服装的形态（图 4-15）。

　　2. 同色、同质、不同肌理搭配

　　在服装设计中应用的面料色彩相同、质地相同，但在一些部位合理运用不同肌理的面料，由于不同的纹理效果，以丰富质感的形式，打破单一材质的单调

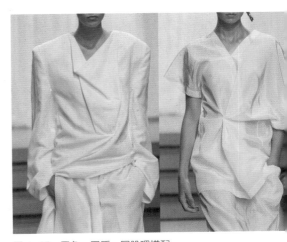

图 4-15　同色、同质、同肌理搭配

乏味之感（图4-16）。

3. 同色、异质、同肌理搭配

在服装设计中应用相同色彩和相同肌理的面料，以突出不同质地感的面料，打破常规的设计组合，把面料质地的不同作为设计的集中点和核心（图4-17）。

4. 同色、异质、不同肌理搭配

在服装设计中应用相同或相似的色彩，选择不同质地和肌理的面料，其完美的对立组合效果，常使人产生意想不到的惊喜。这种设计手法已成为新世纪设计师的常用手法，但由于服装面料较多，应注意三者风格的统一和主次的衬托，力求在同一色彩的调和中，达到最终的和谐效果（图4-18）。

图4-16 同色、同质、不同肌理搭配

图4-17 同色、异质、同肌理搭配

图4-18 同色、异质、不同肌理搭配

5. 异色、同质、同肌理搭配

在服装设计中应用相同质地和肌理的面料，强调缤纷斑斓的色彩组合，让具有生命力的色彩作为整个设计的重点（图4-19）。

图4-19 异色、同质、同肌理搭配

6. 同肌理、异色、异质搭配

在服装设计中应用不同的色彩和不同质地的面料，以相同的面料肌理来协调色彩的差异，力求在混乱中显现章法（图4-20）。

7. 异色、同质、不同肌理搭配

在服装设计中选择相同质地的面料，应用不同的色彩和肌理效果，增强服装的视觉冲击力和鲜明的个性魅力（图4-21）。

8. 异色、异质、不同肌理搭配

在服装设计中应用不同色彩、不同质地、不同肌理的面料设计，是设计师常用的对比表

图4-20 异色、异质、同肌理搭配

图 4-21 异色、同质、不同肌理搭配

达方式，三种形态在对比中都得到夸张和强化，各自的个性体现得淋漓尽致，但应注意三者之间的主次搭配和侧重，并寻找三者的关联性、可自然衔接性和过渡性，避免杂乱无章（图4-22）。

图 4-22 异色、异质、不同肌理搭配

第五章

系列服装设计

- 系列服装设计的概念
- 系列服装的设计条件
- 系列服装的设计方法

一、系列服装设计的定义

系列是表达一类产品中具有相同或相似的元素，并以一定的次序和内部关联性构成各自完整而又相互有联系的产品或作品的形式。服装是款式、色彩、材料的统一体，这三者之间的协调组合是一个综合运用关系。系列服装设计就是在这三者之间寻找某种关联性，使设计出来的多件服装具有主题上的统一性，以及视觉上的协调性。

二、系列服装设计的意义

1. 商业意义

现代社会各行业都注重综合形象设计，与大众生活密切相关的系列产品越来越表现出其优越性，消费者已经渐渐习惯用系列的眼光、系列的思维来看待日常生活。服装是技术与艺术的综合体，系列化的着装方式已经越来越为人们所接受。

品牌服装大都很重视服装产品的系列化，尤其是优秀品牌在产品的组合上其系列感会更加突出，充分反映产品的定位和品牌的形象特色。单品设计往往不具备量的优势，而且容易给人以杂乱无章、不成系统的感觉。系列服装产品可以满足不同层次消费者的需求，设计师在不同的主题设计中，从款式、色彩、面料等方面系统、紧凑地进行系列产品设计，可以充分表达品牌的主题形象、设计风格和设计理念。

2. 审美意义

系列服装可以形成一定的视觉冲击力。以整体系列形式出现的服装，在服装的款式、色彩、面料、饰品等方面往往会以重复、强调的形式来变化细节，各种元素组合所产生的强烈视觉感染力，会获得形式上的美感，给人情感上的愉悦和共鸣。系列服装可以制造声势，起到宣传和烘托气氛的作用，在服装发布会上，系列越大，印象越深，对视觉的刺激效应也越强烈。而单套服装的发布往往显得零碎而不成气势。

三、系列服装的设计原则

优秀的系列服装产品应该层次分明、主题突出，既使产品款式变化丰富也要统一有序，这是系列服装设计的主要原则。

1. 系列服装要设计统一

系列服装设计必须统一，才能称之为系列。例如，服装企业的服装产品各有特点，每个款式单品都非常完整，构思巧妙，但是，产品与产品之间却缺少某种关联性，所有的设计产品如同一盘散沙，统一就是在系列产品中有一种或几种共同元素，将这个系列串联起来使它们成为一个整体。要做到统一而有变化，就要对产品的某一种特征反复地以不同的方式强调。

2. 系列服装要主题突出

主题突出就是要强调设计中有价值的设计元素，这个设计元素可以是一种色彩、一种工艺或者是一种图案等，只要它具有比较突出的吸引消费者的特点，就可以成为一个系列的主要元素。有些服装产品也具有连贯变化的设计元素，但是它偏离主题或设计表达力度不够，就不能达到设计目标的预想效果。

3. 系列服装要层次分明

系列服装的层次分明就是要求在系列服装产品中有主打产品、衬托产品、延伸产品等。主打产品是设计中最精彩、最完整的产品，它使设计点很完美地展现出来；衬托产品则相对弱一点，它的作用就是衬托主打产品；延伸产品就是把主打产品的精彩之处进行延伸变化，以强化整体的分量。

第二节　系列服装的设计条件

系列服装设计首先也要遵循服装设计的 5W 条件，然后在此基础上根据具体设计要求完成设计的系列化。系列设计的条件主要包括设计主题、风格定位、品类定位、品质定位和技术定位。

一、设计主题

主题是服装精神内涵的表现和传达。主题可以对服装系列设计进行宏观的把握，是设计的深层的东西。不论采取何种设计方式，只要围绕主题展开，让作品的各方面因素全部融合于主题内容之中，作品就会有某种征服人的精神韵味，设计师就可以通过作品主题的外化与观者进行沟通和交流。无论是实用服装系列设计还是创意服装系列设计，都离不开设计主题的确定，这是设计开始的基础。有了设计主题，就为设计确定了明确的设计方向，否则会使设计犹如大海捞针，漫无目的。

二、风格定位

从构思开始的那一刻对服装风格进行准确定位也是系列设计成败的关键。以艺术类服装创意为主题的设计，必须在构思上灵活大胆，强调独创性，突出超前意识，注重创造力的发挥；以实用类创意为主题的设计则要注重市场化的创意，并从批量生产方面思考其工艺流程和技术的可操作性。上述两类设计都需要结合流行趋势，在品位、格调和细节的变化上下功夫。

三、品类定位

系列服装在确定服装的设计主题和设计风格以后，还要确定系列服装的服装品类、系列作品的色调、主要的装饰手段、各系列主要的细节特征以及系列作品的选材等。如设计系列是以裙套装为主，还是以裤装为主，或者是裙装与裤装的交叉搭配等；此外，是否需要佩饰，佩饰的材质、来源等都要考虑周全。

四、品质定位

品质定位决定系列服装所用面料、辅料的档次。在系列服装的主题、风格以及品类等确定以后，对服装的品质希望达到或者能够达到的要求做一个综合考虑，以此来决定使用什么样的面料、辅料或者是否使用替代品等。这是对系列服装在成本价格上的限定，尤其在品牌系列设计中，是必须考虑的一个重要条件。

五、技术定位

技术定位是指决定系列设计所使用的加工制作技术。在进行系列设计时，要考虑到设计的技术要求以及是否能够在现有的条件下实现这种要求。尽量选用工艺简单又比较出效果的制作技术，创意系列设计要在可能实现的技术范围内才可自由发挥创造性，实用系列设计则是在考虑到尽可能降低成本，简化工序的基础上选用经济高效的制作技术。

第三节　系列服装的设计方法

一、形式美系列法

　　形式美系列法是指以某一形式美原理作为统领整个系列要素的系列设计方法。节奏、渐变、旋律、均衡、比例、统一、对比等形式美原理都可以用来作为系列化服装设计的要素，即对构成服装的廓型、零部件、图案、分割、装饰等元素进行符合形式美原理的综合布局，取得视觉上的系列感。形式美系列法在服装上应用时，必须以主要形式出现，形成鲜明的设计要点，成为整个系列设计的统一或对比要素，再经过服装造型和色彩的配合，就形成很强的系列感（图5-1）。

图5-1　形式美系列法

二、廓型系列法

　　廓型系列法是指整个系列服装以突出廓型设计为特征而形成系列感的设计方法。这种系列服装往往在廓型和局部结构设计上有比较突出的变化，但为了使系列成衣最终效果不杂乱，可以在服装的色彩、面料、装饰手法上采取弱化处理，保持系列感的同时，强调款式廓型上的创意思维（图5-2）。

图 5-2 廓型系列法

三、细节系列法

　　细节系列法是指把服装中的某些细节作为关联性元素来统一系列中多套服装的系列设计方法。作为系列设计重点的细节要有足够的显示度，能压住其他设计元素。相同或相近的内部细节可利用各种搭配形式组合出丰富的变化，通过改变细节的大小、厚薄、颜色和位置等，就可以使设计结果产生不同效果。例如，用手工钩针编织的花型装饰、流苏装饰品作为系列设计的统一元素，将这些设计元素的位置进行变化性的位移设计，或者用大小搭配、色彩交叉等手法将其贯穿于所有设计之中（图5-3）。

四、色彩系列法

　　色彩系列法是指以色彩作为系列服装中的统一设计元素的系列设计方法。这种色彩可以是单色，也可以是多色，贯穿于整个系列之中。由于色彩系列法容易使设计结果变得单调，因此，在廓型和细节等变化不大的情况下，可以适当地通过色彩的渐变、重复、相同、类似等变化，取得形式上的丰富感。强调色彩是系列服装设计中经常用到的设计手法，它不仅能准确地表达

图5-3 细节系列法

流行中的主要内容——流行色，同时也增添了服装的魅力，丰富了服装的表现语言。

五、面料系列法

　　面料系列法是指利用面料的特色表现系列感的设计方法。通常情况下，当某种面料的外观特征十分鲜明时，其在系列表现中对造型或色彩的发挥可以比较随意，因为此时的面料特色已经足以担当起统领系列的任务，形成了视觉冲击力很强的系列感。例如，有些本身肌理效果很强或者经过再造的面料，具有非常强烈的风格和特征，在设计时即使造型和色彩上没有太大的变化，也会有丰富的视觉效果。如果再通过造型的变化、色彩的合理表现，其系列效果就会有非常强烈的震撼力。所以，利用面料系列法设计时，一定要选择具有较强个性风格的面料进行运用（图5-4）。

六、工艺系列法

　　工艺系列法是指强调服装的工艺特色，把工艺手法作为系列服装关联性的主要因素的设计

图5-4 面料系列法

方法。工艺特色包括饰边、绣花、打褶、镂空、缉明线、装饰线、结构线等。工艺系列法设计一般是在多套服装中反复应用同一种或两种工艺手法，使之成为设计系列作品中最引人注目的内容。运用工艺手法进行系列化设计的时候，要注意灵活变化，避免程式化的运用，要将工艺手法与色彩、材料组合起来，并考虑运用的位置、面积等变化因素（图5-5）。

七、题材系列法

题材系列法是指利用某一特征鲜明的设计题材来作为系列服装表达其主题性面貌的设计方法。主题是服装设计的灵魂因素，任何设计都是对某种主题的表达。题材系列法，就是将服装的所有物化设计，如款式设计、色彩设计、面料设计等，通过同一主题内容，上升到一个内涵设计的高度，以此获得统一感（图5-6）。

八、品类系列法

品类系列法是指以相同的服装品类为主线，进行同品类单品产品开发并形成系列的设计方

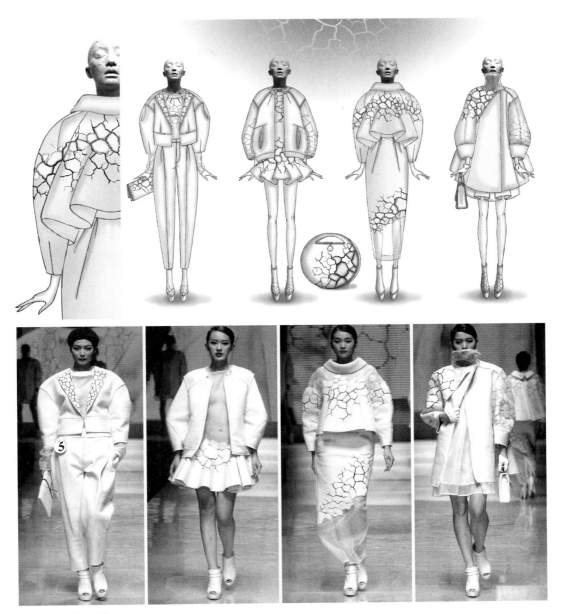

图 5-5　工艺系列法

法。此系列中的所有服装都是同一品类，这是企业在市场销售中经常使用的系列形式。例如，裤装系列、衬衣系列、裙装系列、夹克系列等，为了让消费者有较大的选择余地，这些服装的面料、造型、工艺、装饰及风格等往往是不相同的，如果不是按照品类集中在一起，难以看出它们属于一个系列。为了以系列的面貌出现在零售中，在品牌服装的系列产品设计中，一般在这些不同品类之间也寻找某些关联性设计因素，使不同的品类之间可以有比较不错的可搭配性（图 5-7）。

图 5-6　题材系列法

图 5-7　品类系列法

第六章

服装设计风格

- 服装设计风格的概念及意义
- 主要服装风格
- 其他服装风格

第一节 服装设计风格的概念及意义

一、服装设计风格的概念

"风格"一词被广泛应用于各个领域。在艺术领域中，风格是指从艺术作品中呈现出来的具有代表性的艺术语言，是独特的内容与形式的统一，艺术家在创意和题材的客观性相融合所造就的一种难以说明，却又不难感觉的独特风貌。如在音乐领域里，有古典音乐、摇滚音乐、乡村音乐等多种风格；在美术领域中，有波普风格、野兽风格、抽象风格、写实风格等各种流派。

就服装而言，服装的风格是服装外观样式与精神内涵相结合的总体表现，是一个时代、一个民族、一个流派或一个人的服装在形式和内容方面所显示出来的价值取向以及内在品格和艺术特色。服装风格不仅表现了设计师独特的创作思想与艺术追求，同时也传达着着装者的审美意趣，反映出鲜明的时代特色，如高贵典雅的唐装、宁静文雅的和服、阴暗忧伤的"哥特"、桀骜不驯的"朋克"，它们都以其各自独特的风格倾诉着衣装的故事。可见，一种成熟的服饰风格应该是令人难忘的。

二、服装设计风格的意义

1. 造型意义

好的服装作品就是一件造型艺术品，有自己的风格倾向和含义。当服装被当成艺术品来欣赏的时候，服装强调的就是某种风格上的造型意义，使设计具有了非凡的视觉冲击力。如发布会服装、表演性服装强调的是服装的造型美感，较少考虑其实用性和商业价值。许多世界服装设计大师都有自己的设计风格，每年举办时装发布会时，这些作品传递了一种理念，把服装当作一件艺术作品展示给人，带给人美的享受。

2. 商业意义

在服装业，以创造商业利润为目的的服装生产最关键的是要得到商家和消费者的认可，从这个角度讲划分和把握服装风格是为了更好地分门别类地设计出受消费者欢迎的服装作品，以创造更多的商业利润。服装设计师只有对自己的服装产品进行合理的风格定位，才能寻找到合适的消费群体，达到创造商业利润的目的。风格的形成是设计师走向成熟的重要标志，也是区别于一般设计作品的重要标志。

第二节　主要服装风格

"服装风格"可以为我们研究和认识人类社会提供了一个非常好的平台。每一个时代的风格都留有鲜明的时代风格烙印，它们多是源于所处时代的某种社会需要。服装风格可以代表不同的地域特征、时代特色、文化特点、艺术流派方向，以及人的风度和地位等。通过服装风格，我们感同身受那一段段过往的历史、一个个鲜活的人物，同时对服装与社会关系的认识也会更加明确与深刻。了解各种服装风格，可以构建起一个涵盖社会各方面的立体脉络，使我们以更加富有文化性地去认识服装、设计服装，同时也是服装文化研究的价值和意义所在。

一、经典风格

经典风格端庄大方，具有传统服装特点，相对比较成熟，能被大多数人所接受的、讲究穿着品质的服装风格。经典风格比较保守，不太受流行左右，追求严谨而高雅，文静而含蓄，以高度和谐为主要特征。正统的西式套装是此风格的典型代表。廓型多为 X 型和 Y 型，A 型也经常使用，色彩以藏蓝、酒红、墨绿、宝石蓝、紫色等沉静高雅的古典色为主。面料多选用传统的精纺面料，色彩以单色面料和传统条纹面料居多（图6-1）。

图6-1　经典风格

二、前卫风格

前卫风格与经典风格是两个相对立的风格派别。受波普艺术、抽象派艺术等影响，前卫风格造型以怪异为主，富于想象，运用具有超前流行的设计元素，线型变化较大，局部造型夸张，强调对比因素，追求一种标新立异、反叛刺激的形象，是个性较强的服装风格，表现出对传统观念的背叛和创新精神。常出现不对称结构与装饰，装饰手法如毛边、破洞、磨砂、打补丁、挖洞、打铆钉等。面料多使用奇特新颖、时髦刺激的面料，如真皮、仿皮、牛仔布、上光涂层面料等，且不受色彩限制（图6-2）。

图6-2　前卫风格

三、运动风格

运动风格是借鉴运动装设计元素，充满活力，具有都市气息的服装风格。常运用块面分割与条状分割及拉链、商标等装饰。线造型以圆润的弧线和平挺的直线居多；面造型多使用拼接且相对规整；点造型较少，如小面积图案商标等；体造型多表现为配饰，廓型以 H 型、O 型居多。面料多使用棉、针织或机能性面料（图 6-3）。

图 6-3　运动风格

四、休闲风格

休闲风格是以穿着与视觉上的轻松、随意、舒适为主，年龄跨度较大，适合多个层次日常穿着。点、线、面、体的运用没有太明显的倾向性。面料多为天然材料的棉、麻织物等，强调面料的肌理效果或者将面料经过涂层、亚光处理。色彩比较明朗单纯，具有流行特征，结构和工艺多变化，装饰手法多样（图6-4）。

图6-4　休闲风格

五、优雅风格

优雅风格具有较强女性特征，兼具时尚感以及较成熟的外观和品质，是较华丽的服装风格。讲究细部设计，强调精致感觉，装饰比较女性化。外型线较多顺应女性身体的自然曲线，表现成熟女性优雅稳重的气质，色彩多为柔和的灰色调，用料高档。使用较多的是面造型，且比较规整，点造型以连接设计和少量点缀设计为主，线造型多为分割线和少量装饰线，形式可以是线迹也可以是工艺线或花边（图6-5）。

图6-5 优雅风格

六、中性风格

中性风格是指男女皆可穿的服装，如普通T恤、一般的运动服、夹克衫等比较中性化的服装。女装的中性风格是指服装设计中弱化女性特征，部分借鉴男装的设计元素，有一定时尚度，是较有品位而稳重的服装风格。中性风格以线造型和面造型为主，大多对称规整。廓型以直身形、简形居多。色彩明度较低，较少使用鲜艳的颜色。面料选择范围很广，但不使用女性味太浓的面料（图6-6）。

图6-6 中性风格

七、轻快风格

　　轻松明快、适应年轻女性日常穿着，具有青春气息的服装风格。设计中可以使用多种廓型，款式活泼，面料不受限制，色彩通常比较亮丽。点、线、面、体的造型元素均可适用，可简可繁。通常衣身比较短小，有高腰或低腰设计，门襟形式多变，分割线多为曲线，袖口多变化，较多使用边饰（图6-7）。

图6-7　轻快风格

八、民族风格

民族风格是汲取了中西民族、民俗服饰元素具有复古气息的服装风格。它以中西民族服饰为蓝本，或以地域文化为灵感来源，较注重服装穿着方法和长短内外的层次关系，较少使用分割线。民族风格的服装一般衣身宽松悬垂，多层重叠且经常左右片不对称，衣身边缘处常运用传统民族工艺，如镶边、滚边、贴边、刺绣、流苏等。民族风格服装在设计时，常在服装的款式、色彩、图案、材质、装饰等方面作适当调整，吸取时代的精神、理念，借用新材料以及流行色等，以加强服装的时代感（图6-8）。

图6-8 民族风格

九、混搭风格

混搭风格是指将不同风格、不同材质、不同价值的元素按照个人喜好拼凑在一起，从而混合搭配出完全个性化的风格。混搭风格服装总体偏向休闲，其细节设计比较自由。混搭看似漫不经心，实则出奇制胜，虽然是多种元素共存，但仍要确定一个主"基调"，以这种主基调为主线，其他风格做点缀。在服装混搭中，常见有服装材料的混搭（如皮革混搭薄纱）、服装分类的混搭（如男装混搭女装）、服装风格的混搭（如朋克混搭洛丽塔长裙）、服装品种的混搭（如晚装混搭牛仔裤）等，混搭时要注意搭配的层次和节奏感（图6-9）。

图6-9　混搭风格

十、商务风格

商务风格是指将传统商务装进行休闲化设计的风格。商务风格服装讲究静与动的合理结合，款式多样，造型上趋于简单和流线型，在细节、面料、色彩的选择与处理上体现着装者的活力与良好品位。商务风格服装大量使用自然沉稳的色彩，如典雅的鹅黄、率性的橙色、中性的咖啡色等，或者简洁的黑白色中跳跃明快的彩色色块。面料常选用正统中略带休闲感觉的面料。细节处理上多借鉴优雅风格和经典风格的细节设计，线条修长，同时加入休闲时尚的设计元素（图6-10）。

图6-10　商务风格

第三节 其他服装风格

一、历史类服装风格

按照不同历史时期的服装风格，可分为：

1. 古希腊服装风格

希腊是欧洲文明的发源地，无数个希腊神话故事让人们向往，希腊的建筑主要是神庙，其服饰风格也同建筑一样充满了自然、清新、单纯和高贵。希腊民族追求个性，崇尚艺术，古希腊的服装崇拜自然的人体美，以优雅、飘逸见长，轻薄的面料能够体现出希腊服装所特有的垂顺感，多采用不经裁剪、缝合的矩形面料，通过在人体上的披挂、缠绕、别饰针、束带等基本方法，形成了"无形之形"的特殊服装风貌。

古希腊服装可划分为"披挂型"和"缠绕型"两大基本类型，无论是"披挂型"还是"缠绕型"，希腊服装都最大限度地体现了"布"的艺术，通过面料在人体上的披挂与缠绕，形成连续不断、自由流动的褶裥线条。随意、自然、富于变化是这类服装的重要特点。

20 世纪初，古希腊服饰风格再一次大放异彩，以维奥尼特夫人为代表的设计师们，创造性地采用了"斜裁"的方法，虽然与古希腊服装造型的手法不同，但却同样获得自然、柔和的效果，同样具有古希腊服装的外观造型以及悬垂流畅的褶裥线条。进入 21 世纪，人类对生态环保投入了更多的关注，古希腊服装风格在此主题之下散发着无限的活力，它松弛、舒展、随意的造型风貌已凝练成为一种跨越时间长河的经典风格，它灵动的褶裥线条，多变的款式形式，精彩的系扎、别针、装饰细节等已化为时空隧道的典型符号。正如法国设计师香奈尔说过："时尚将随时间而逝，但风格是永存的"（图 6-11）。

2. 哥特式服装风格

哥特式艺术指 12~16 世纪出现的以建筑为主的艺术，包括雕塑、绘画和工艺美术。哥特式艺术是夸张的、不对称的、奇特的、轻盈的、复杂的和多装饰的，以频繁使用纵向延伸的线条为其一大特征。在哥特式艺术流行的几百年中，欧洲服装也明显受到哥特式艺术的影响。例如，形似小尖塔的汉宁帽，两条裤腿颜色各异的紧身裤，尖尖的翘头鞋，饰以不对称图案的上衣等。在现代服装中，哥特式风格的流行出现在 20 世纪 70 年代末，并由哥特摇滚发展普及，表现在服装上是设计师力求塑造具有奇特、诡异、阴森、凄凉、甚至恐怖血腥气氛的服装，多用黑色或其他暗色。设计师常用面料的厚与薄、遮与露、光与毛之间的对比体现哥特式风格的独特氛围。此外还凸显大量的银饰装点及苍白的皮肤，整体呈现夸张和另类的效果（图 6-12）。

图 6-11　古希腊服装风格

图 6-12　哥特式服装风格

3. 古典主义服装风格

"古典主义服装风格"是指应用古典艺术的某些特征进行服装设计的风格。古典主义作为一种艺术形式，以合理、单纯、适度、约制、明确、简洁和平衡为特征，在服装史中以古希腊、古罗马服装为其风格之源，19世纪初的帝政风格服装是古典派的典型代表。

在现代服装设计中，古典主义风格有广义和狭义之分：狭义是指继承或较大程度上受到古希腊、古罗马服装风格影响的作品；而广义上的古典派则是指构思简洁单纯、效果端庄典雅、外形柔和甜美，有一种田园般宁静的服装。没有冲撞与对比，没有过多的装饰细节与繁杂的搭配，以舒缓、合理的曲线展示女性的曲线美，因此，古典主义女装常常被定义为优雅、完美、理性、实用，代表一种精致舒适的生活方式。古典主义风格的服装显现出独具特色的形式和着装效果，是西方上流社会礼仪服的专宠（图6-13）。

图6-13 古典主义服装风格

4. 浪漫主义服装风格

浪漫主义源于19世纪，它的宗旨与"理"相对立，注重个人情感的表达，其形式较少受约束且自由奔放，通过幻想或复古等手段超越现实。对于服装来说，浪漫主义风格是指主张摆脱古典过分的简朴和理性，反对艺术上的刻板僵化，常用瑰丽的想象和夸张的手法塑造形象。在服装史上，1825年至1845年间被认为是典型的浪漫主义时期，女装的外轮廓呈X型，表现为宽肩、细腰和丰臀。上衣常采用泡泡袖、灯笼袖或羊腿袖，裙子使用裙撑呈圆台形，各种清淡柔和的色调成为当时服装的时尚，且装饰手段丰富，蕾丝、毛边、流苏、刺绣、花边、抽褶、荷叶边、蝴蝶结、花结、花饰等都被采用，给人整体的感觉是轻盈飘逸。与此相对应，现代时装设计中的浪漫主义以柔和的线条、变化丰富的浅淡色调、轻柔的面料、花卉图案、循环较小的印花图案以及泡泡袖、花边、绲边、镶饰、刺绣等为特征，常常表现出一种怀旧的情绪和田园的风味。20世纪90年代，由于人们对现代工业所带来的单调冷漠情绪表现出逆反心理，开始重视民族、民间传统，从历史和民族服装中寻找设计灵感，使得崇拜自然、表现大自然绚丽色彩的浪漫主义风格得以流行。时至今日，时尚界仍"浪漫依然"，古亥格和克莱拉·麦卡是浪漫主义风格的代表性设计师，那柔和婉转的线条、文雅浅淡的色调、轻柔悬垂的面料，都渲染出对往日浪漫情怀的思念（图6-14）。

图6-14 浪漫主义服装风格

5. 巴洛克服装风格

"巴洛克"是指自 17 世纪初直至 18 世纪上半叶流行于欧洲的艺术风格，它追求一种繁复夸张、富丽堂皇、气势宏大、富于动感的艺术境界。巴洛克风格的服装常追求形式美感和装饰效果，充满梦幻般的华贵、艳丽以及过于装饰性的奢华、浮夸，给人一种繁杂和气势宏大的效果。巴洛克风格的女装在 20 世纪 80 年代复兴，造型以 X 型和 Y 型为主要廓型，大量装饰蕾丝、缎带、荷叶边、蝴蝶结。钟情于巴洛克风格的法国设计师克利斯汀·拉科鲁瓦，以奢华面料的堆积、夸张的造型创造出具有现代感的新巴洛克形象。进入 21 世纪，设计师不再囿于传统巴洛克元素的表现，带有年轻、前卫、颓废的新巴洛克形象成为一种趋势（图 6-15）。

图 6-15　巴洛克服装风格

二、民族类服装风格

1. 中国服装风格

　　五千年的文明使中国传统服饰内涵深厚，形式丰富多样。早在先秦时期，中国古代服饰就已完成上衣下裳和上下连属两种基本形制，中国服装的直线裁剪、平面化构成基本确立。装饰在冕服上的十二章纹，初步显露中国图案富有寓意，色彩有所象征的传统审美寓意。秦汉时期女装中主要是深衣和襦裙，内容丰富，做工精良，出现大量图案精美的丝绸织物，阴阳五行思想渗进服装色彩中。宋朝受理学思想影响，服饰自然、朴素，款式、色彩等趋于淡雅恬静，整体造型简洁修长，又不失精致装饰，是中国传统女装中最能体现女性美的服饰样式之一。明朝服饰仍以修长为美，显现儒雅之风，服饰上堆砌吉祥纹样，崇尚富丽华美。纵观中国传统服饰经过历代的演绎，总体特征突出表现为：直线裁剪，平面展开，宽襦大裳，强调线型和纹饰的抽象寓意性表达，这些特征使中国传统服装不同于西洋服装的直观静态美，显露出一种含蓄动态美。其内在传统美则通过造型、色彩、纹饰、肌理等具体形式呈现出来。此外，中国传统瓷器造型、建筑中的飞檐造型、京剧脸谱的图案等，同样是表现中国服装风格的常用元素（图6-16）。

图6-16　中国服装风格

2. 日本服装风格

和服是日本民族的传统服装，也是日本服装风格的典型代表。和服是以中国唐代服装为基础，经过一千多年的演变形成的。和服的独到之处在于裁剪和制作方面。和服属于平面裁剪，即以直线创造美感。和服的特点在于领口、袖子、衣襟、衣裾、腰带以及色彩和纹样。虽然和服穿在身上呈直筒造型，缺少对人体曲线的显示，但它却能显示庄重、安稳、宁静之美，符合日本人的气质。早在1920年伏契尼就曾经设计过多尔菲长裙外套——和服样式的夹克，开创了将日本元素融入现代时装的先河。然而，日本服装风格真正对西方服饰界产生冲击的是在20世纪70年代，一群来自日本的设计师以东方人的服饰理念改造了西方，以包缠、纽结、缠绕等设计手法变革了传统西方服饰，创造了剪裁接缝少、式样宽松的服饰风格。其中最举足轻重的设计大师便是三宅一生、山本耀司、川久保玲，他们的设计明显借鉴了日本和服的特色。他们认为传统的高级女装往往过多考虑了服装结构的重要性，服装应该是一种人与自然间和谐关系的表达。可见，日本设计师们给西方设计界带来了强烈的震撼，他们创造的这种非构筑性样式的、宽大的新风格扩展了西方服装设计的方法和理念。在服装风格多样化的今天，日本风格服装元素的加入，为服饰注入了几分宁静与玄妙（图6-17）。

图6-17 日本服装风格

3. 波西米亚（吉卜赛）服装风格

提到令人神往的波西米亚，人们都会不由自主地想到它那自由、放荡不羁的地域风格，它代表的是一种前所未有的浪漫化、民俗化、自由化，通过浓烈的色彩、繁复的设计，带给人强烈的视觉冲击和神秘气息。波西米亚风格起源于 20 世纪 60 年代，当时，热爱自然与和平的嬉皮士们用波西米亚风格的服饰作为向中产阶级挑战的有力武器，其行为特征表现为以纯手工对抗工业化生产。而今，波西米亚已演绎成为一种单纯的时尚，涉及服饰领域保留了某种游牧民族服饰特色，以鲜艳的手工装饰和粗犷厚重的面料来吸引眼球。波西米亚风格的最大特点可以说是"兼收并蓄"，它融合了多地区多民族的元素，如花边、褶皱、绳结、流苏、腰带、镂花、刺绣、亮片等，将最多变的装饰手段巧妙地统一在其中。色彩也更是迷乱瑰丽：暗灰、深蓝、黑色、大红、橘红、玫瑰红等，复杂凌乱，惊心动魄。波西米亚风格如斑驳陈旧的中世纪油画，散发着神秘气息，给人以强烈的视觉冲击（图 6-18）。

图 6-18　波西米亚服装风格

4. 非洲服装风格

提到非洲服装风格，鲜艳夺目可以说是它最大的特点，不管男女老少皆喜欢穿花衣服，如蓝底白花、黄底红花、红绿相间等颜色的大花布是最畅销的。对于服装来说，非洲服装风格主要是从非洲神秘富饶的大地上摄取灵感，如非洲动物图腾、印花、原始部落擅长使用的皮革与皮草，都是其设计元素。配饰也是非洲服装的灵魂所在，如木头、贝类、动物角和骨骼所制成的大串项链，用纯手工制成的刺绣等都散发着原始古朴的信息。时装大师伊夫·圣·洛朗应是开非洲风格主题先河的人，他曾在 1967 年和 1968 年先后推出非洲主题，在此概念下延伸出帅气的狩猎装，在 20 世纪 60 年代首次出现在女装系列中。而今，时尚界也是淹没在一片非洲风情之中，例如从土著人身上获得灵感的编织装，配以木珠、卵石、黄金；用缤纷的色彩，加上非洲异国情调的印花、皮革与街头、古典蕾丝的拼接组合；抑或将非洲面具、图腾等符号转换成华丽的水晶刺绣、串珠编织等气势磅礴的晚礼服作品；还有引用大量的非洲丛林元素，利用动物印花雪纺、蟒蛇皮纹、编织网等素材制成的套装。种种这些都展现了时尚界浓浓的非洲情结（图 6-19）。

图 6-19　非洲服装风格

三. 艺术类服装风格

1. 极简主义服装风格

"极简主义"又称为"极少主义""简约主义",是 20 世纪 60 年代西方现代艺术重要倾向和流派之一。服装设计的简约之风最早可追溯至 20 世纪 70 年代,当时有少数设计师已经开始了这方面的尝试和研究,到了 80 年代越来越多的人开始领悟到简约风格的独特魅力,简洁的设计方法在服装界不胫而走,极简主义作为服装设计的一种风格与流派已基本定型。进入 20 世纪 90 年代,服装设计的极简之风越刮越烈,以至于出现了从设计界、社会名流直至普通大众竞相标榜简约之美的盛况,并成为 20 世纪 90 年代的主导风格。虽然之后随着怀旧风格等的卷土重来,极简主义的主导地位有所削弱,但极简主义服装风格在 21 世纪中仍占据重要的一席之地。

极简主义风格的服装设计,推崇洗练的造型、精准的结构、素雅的色彩、含蓄的材料以及简洁的装饰处理,使服装展现理性之美、纯净之美和现代之美。设计手法强调"恰如其分",在不影响服装功能的前提下运用非常精到的手法和巧妙的构思达到一种视觉或心灵上的强烈冲击力。服装造型款式上的"极简",其实是强化了对服装面料的要求,面料表面的肌理、成分和给人的心理感受体现服装的品质。因此,极简主义设计师非常注重面料肌理的处理和面料的构成成分。在当今的时装界中,极简主义的公认领袖和主要代表有德国设计师吉尔·桑达、意大利设计师乔治·阿玛尼以及美国设计师卡尔文·克莱恩、唐娜·卡伦等(图 6-20)。

图 6-20 极简主义服装风格

2. 波普与欧普服装风格

波普艺术又称"新写实主义"或"新达达主义"，提倡艺术回归日常生活和通俗化。设计师从音乐、电影、街头文化甚至政治人物中汲取灵感，把日常生活中常见的东西进行放大、重复等，从而产生新的视觉形象。表现在服装设计中大量采用发光发亮、色彩鲜艳的人造皮革、涂层织物和塑料制品等制作服装。

欧普艺术又称"光效应艺术"或"视幻艺术"，是波普艺术的衍生物。其特点是利用几何图案和色彩对比造成各种形与色、形与光的骚动，使人产生视错觉。许多设计师将"视觉学"应用在面料上，使其具有极大的优势，具体表现为：

（1）图案形式无规则排列，此类面料大批量生产。

（2）图案的无限性分布，应用于服装仍能完整地体现其艺术魅力。

（3）图案的具体造型体现了时代特征，隐喻了高科技、超信息、机械化、快节奏的生活。

意大利设计师米索尼就是欧普艺术最典型的代表，他把欧普艺术的精神与理念逐一消化，并使之与电脑相结合，设计出大量的欧普新作（图6-21）。

图6-21　波普与欧普服装风格

3. 太空服装风格

20 世纪 50 年代末人类进入了太空时代。1964 年，法国设计师安德烈·库雷热率先在时装界发布了"月球女孩"系列——短小上装配 A 字型超短裙，采用直线形裁剪，款式简洁，面料搭配选择了塑料和金属性材料，配以白色的塑料靴子、头盔、假发，极具太空感觉。随后各国设计师紧跟流行趋势，树脂、塑料、金属银色材料、瓦楞纸等相继推出并运用到"机器人""未来战士"等设计形象。1966 年，皮尔·卡丹在巴黎秋冬季时装发布会上，利用织物结构和印染图案产生的光效应，以抽象派绘画的理念，利用科幻的意境设计出太空服，或称"宇宙风貌"时装。总体来说，太空服装风格在款式和细节处理上带有中性倾向，这种中性感超越了男女范畴，给人以想象的空间，在设计上具有时代的前卫性。太空服装风格的设计灵感来自于星球太空，表现了现代文明的速度、剧烈的运动、音响和四度空间。与常规设计构思有所不同，无论是在造型、款式、色彩、材质还是配件等方面，太空服装风格与传统设计思维大相径庭（图 6-22）。

图 6-22　太空服装风格

4. 洛丽塔（娃娃）服装风格

洛丽塔服装风格源于弗拉基米尔的小说《洛丽塔》中女主人公洛丽塔的形象，华丽、神秘、诡异、甜蜜、复古、性感、幻觉等词语都可以用来形容洛丽塔装所体现出来的美和它们所营造出来的氛围。其突出的特征就是蕾丝边、蓬蓬裙、公主袖、蝴蝶结，黑色与白色为其主要颜色，而玫瑰红、粉红也是洛丽塔装的代表颜色，展现出十足的女性特征。服装充满了童话意味和冷艳、绝美的诱惑力，与我们的平时生活产生了强烈的反差感。不过，这种反差不是尖锐的，只是表面上的"叛逆"形成的。深田恭子在日本电影《下妻物语》中扮演的对洛丽塔服饰情有独钟的女生形象，将洛丽塔风尚推向了顶点，令日本街头的穿着形成了三股不同的洛丽塔风尚："甜美可爱型（Sweet Love Lolita）"多为甜美可人的风格，以粉色为主，运用大量蕾丝褶皱裙，表现出洋娃娃般的可人形象；"哥特式（Gothic Lolita）"在欧美尤其流行，以黑色为主，弥漫着死亡气息的恐怖与诡异，配上黑色的指甲油和唇膏，缔造颓废气质；"经典式（Classic Lolita）"是最常见的款式，裙身多为荷叶边，透过碎花和粉色表现出清纯的感觉。如今，在洛丽塔般"小精灵"横行的年代，丰富的荷叶边、飘逸的雪纺、柔美的浅色调，将一个个初长成的小女人表现得俏皮、可爱，不失纯真（图6-23）。

图6-23　洛丽塔服装风格

5. 田园服装风格

田园服装风格的设计，是追求一种不要任何装饰的、原始的、淳朴自然的美。现代工业对自然环境的污染破坏，繁华都市的嘈杂和拥挤，高节奏生活给人们带来的紧张繁忙，社会上的激烈竞争，暴力和恐怖的加剧等，都给人们造成种种的精神压力，使人们不由自主向往精神的解脱和舒缓，追求平静单纯的生活空间，向往大自然。田园风格的服装崇尚自然，反对虚假的华丽、烦琐的装饰和雕琢的美。自然合体的款式、天然的材质，给人们带来了有如置身于自然的心理感受，具有一种悠然的美，迎合了现代人的心理需求（图6-24）。

图6-24　田园服装风格

6. 嬉皮服装风格

嬉皮士本来被用来描写西方国家 20 世纪 60 年代和 70 年代反抗习俗和当时政治的年轻人。第二次世界大战结束后，以美国为代表的西方经济开始复苏，那些未经历过战争的年轻人，几乎是轻而易举地坐收了父辈们一辈子才实现的"美国梦"，恰恰是物质生活的极大丰富，使他们看清了现实中人情的冷漠、战争的危机等种种社会现实。于是，他们从中产阶级或知识分子中分化出来，扯起了仁爱、反暴力、和平主义和利他主义的大旗，并以长发、奇装异服为反叛标志，向代表主流文化的传统势力发起挑战。这种独特的文化现象不仅对包括摇滚乐在内的西方文化产生影响，而且在服装方面更是将多种元素奇妙地融合，开创了服装领域的新风格：艳丽紧身的喇叭裤、T恤或天然纤维织成的布衣，穿着近乎赤足的凉鞋，佩戴绚丽的和平勋章，披挂长形念珠，头上插花，颈上戴花环等。

20 世纪末的怀旧情绪使青年一代有机会重温父辈青年时代的时尚情感，嬉皮风格重新获得设计师的青睐，形成所谓"新嬉皮士风格"。"新嬉皮士主义"风尚延续嬉皮风格多种元素混搭的特点，酷爱时装的毛边、喇叭裤、民族情调的饰品、刻意营造的"自然"味道等。然而细究之下，两者许多地方不仅毫无共同之处，反而会产生对照的意趣：1960 年的嬉皮士肮脏破落，而新嬉皮士则修饰整齐，隐藏不住骨子里的奢华和享乐主义。新嬉皮士不再那么激烈过度，不再那么肮脏邋遢，不破破烂烂披披挂挂，不放浪形骸聚众滋事。新嬉皮士与嬉皮士之间只存在时装上的血缘关系，不过多地旁及其他（图 6-25）。

图 6-25　嬉皮服装风格

7. 学院派服装风格

学院派服装风格是指那种受过高等教育拥有传统审美倾向，保持低调但追求顶级品质的人们热爱的服装造型。学院风格没有标新立异的款式和争奇斗艳的颜色，遵循固定的穿着原则和搭配规律。学院派风格源于20世纪70年代的英国，英伦校园风可以说是学院派风格的典范，它大体上是指源自英格兰牛津、剑桥等知名学府的学生日常的装扮，这种服装风格的主色调大多为纯黑、纯白、殷红、藏蓝等较为沉稳的颜色。在图案花型方面，主要以条纹和方格为主，比较常见的有黑蓝条纹、黑红条纹，甚至徽章、船锚等也是贵族私立学校校服不可或缺的元素。整体风格古典、优雅而沉稳，充满学院派气息。在时装界，学院风也是颇受设计师和消费者喜爱的设计风格，多用以体现轻松休闲、青春活力，同时不乏沉稳与复古的服装气质。常用的面料有毛呢、精纺棉等。而今，学院派风格的服装在时尚界树立了一道新的风尚标，女生的喇叭裙，方格、条纹的图样，以校徽、领带为代表的饰品，混合运动的字母、撞色元素奠定了校服系列最基本的风格，缤纷的色彩，白、绿的经典组合，都是学院派风格的佼佼者（图6-26）。

图6-26 学院派服装风格

四、后现代思潮类服装风格

1. 朋克服装风格

"朋克"原用于指社会上游手好闲或品质不良者，20 世纪 70 年代中叶成为一种着装风格独特怪异的群体的代名词。朋克的兴起与盛行，与 20 世纪六七十年代的嬉皮士、摇滚乐队及当时蔑视传统的、高贵的社会风尚有着千丝万缕的联系。以极端的方式追求个性的朋克一族带有强烈易辨的群体色彩，这成为与主流社会相对的另类文化现象。朋克族们下着黑色紧身裤，上着印着寻衅的无政府主义标志的 T 恤，皮夹克上缀满亮片、大头针、拉链，朋克一族的形象从伦敦街头迅速复制到欧洲和北美。

朋克服装是时装主流设计的逆向思维，常将看似不相关的元素加以组合，并加入自己的构思，同时追求硬朗和感官刺激，甚至是侵略和暴力感觉的穿着效果，无论在款式、色彩、图案、材质还是具体搭配上均体现这一特点。此外，朋克风格还追求特殊的对比效果，如质感（厚与薄、轻与重、光与毛等）、大小、长短、比例等。朋克风格对国际服饰流行的影响至今仍有余威，英国设计师维维安·韦斯特伍德是公认的朋克风格代言人（图 6-27）。

图 6-27　朋克服装风格

2. 解构主义服装风格

解构主义最初起源于20世纪60年代的法国，指对不容置疑的传统信念发起挑战，重新构建，并且解除传统的规格与结构。20世纪80~90年代，解构主义便渗入人文学科，引发了一场艺术创作思维的变革。后现代派时装设计师以解构为手段，追求一种自由模式，建构、解构互为因果，共同构成一个事物的循环整体。活跃在巴黎时装界的亚历山大·麦克奎恩、川久保玲是解构主义的杰出代表。他们的时装特色或许用川久保玲的一句话就可以概括："我想破坏时装的形象。"

解构主义与传统西方审美存在本质差异，它不强调体型的曲线美感，却特别重视服装材质和结构，关注面料与结构造型的关系，通过对结构的剖析再造来达到塑造形体的目的。由于不确定成分居多，因此在造型上常常表现出非常规、不固定、随意性的特点。外观视觉上带有未完成的感觉，似乎构思全凭偶然。由于突破传统的设计思维模式，用此理念进行设计往往能取得非常规的服装外型和衣身结构。解构主义的创新并不是凭空捏造，而是在以往的设计基础上加以改造创新。正如日本设计大师三宅一生对解构主义服装所做的解释："掰开、揉碎、再组合，在形成惊人奇特构造的同时，又具有寻常宽泛、雍容的内涵。"解构中对服装的分解往往是有目的地撕裂、拆开固有的衣片结构，打散原有的组织形式，通过加入新的设计形式重新组合、拼接、再造，并对面料甚至色彩进行大胆改造，使之呈现全新的款式和造型。在服装上主要表现在领、肩、胸、腰、臀、后背等部位，运用省道、分割线、抽褶、打裥、拼接、翻折、卷曲、伸展、缠裹、折叠等设计手法，把原有的裁剪结构分解拆散，然后重新组合，形成一种新的结构，或者改变传统面料使用方法和色彩搭配方法。解构的结果常常是标新立异、变化层出，令人耳目一新。解构风格的服装是美也好，是凌乱也罢，都是设计师对新表现手法孜孜不倦的追求，从一个新的视野去审视和挖掘服装的内涵，为服装的整体概念又打开了一席新空间（图6-28）。

图6-28　解构主义服装风格

第七章

品牌服装设计流程

- 品牌服装设计概述
- 品牌服装市场调研
- 服装品牌定位
- 服装品牌产品设计流程

第一节 品牌服装设计概述

一、品牌服装的含义和作用

1. 品牌服装的含义

品牌是一个识别标记，一个容易被消费者认知的标记，一种价值理念的符号。品牌在服装中存在的目的是让消费者识别出不同企业所生产出来的产品，并同竞争对手的产品区分开来。品牌的本质代表着产品特征，产品拥有者交付给消费者的利益和服务的一贯性承诺，是质量的保证。

当今社会，品牌已经成为企业的无形资产，这些无形资产向人们表达着各自不同的商品信息，成为企业的名片。成功的"品牌"不但是消费者热衷消费的对象，也是企业利润的基本所在，当"品牌"在消费者面前浓缩成特定的符号时，就已经转化为企业与消费者相互作用的产物（图7-1）。

图 7-1 品牌海报

2. 品牌服装的作用

（1）可以提高服装产品在市场上的被认知度，品牌服装产品是服装企业向消费群体传达的某一品牌产品的形象，是能够与同类产品形成一定的差距可供消费者易于识别，并通过具体产品形象的不断完善，深化和巩固消费群体对品牌的忠诚度，从而提高市场的销售量，实现品牌的市场价值。如针对复杂的顾客群体以及不断提升的消费品位，品牌形象也必须不断提升，才能真正吸引和巩固更多的消费群体，提高企业和产品的被认知程度。

（2）比较容易形成固定的消费群体，面对复杂的消费群体，可根据消费者的具体情况分为不同类型，再针对不同类型消费群体的需求，生产出可信赖的产品，让消费者对产品主动接受，企业便可以因此形成并不断稳定自己品牌的消费群体。例如，消费者在选购衣服时，一旦被产品的视觉效应所吸引，并产生购买欲望时，品牌也就形成了自己的消费群体，企业也就顺理成章地赢得了一定的市场份额。

3. 服装品牌的发展

服装品牌的发展是随着工业成衣的出现而发展的，20世纪60年代后期产生了高级女装与工业成衣之间的中间产品——高级成衣，即将高级女装的设计特征与工业成衣的生产特征结合成为高级成衣。服装品牌也依此按照产品的档次分为高级女装品牌、高级成衣品牌和工业成衣品牌。

进入 20 世纪 80 年代，高级女装和高级成衣的共同特点是独特的设计风格和极高的价位，而这两点又是增加销售量和拓展消费对象的致命障碍，既要保持高贵的风格，又要迎合大众的潮流，这种两难的情景使得高级女装和高级成衣生意越来越难做。在这样的局面下，20 世纪 80 年代初，美国安尼·克莱恩公司推出了二线品牌——安尼·克莱恩 II，它在保持了原创品牌风格的前提下，融入了大众潮流，降低了价位，受到了消费者的欢迎。二线品牌被理解为在风格上与设计师的一线品牌相近，但比一线品牌产量大，价格有所下降，因而适用面也较广，这种品牌策略使得许多二线品牌的声望高过一线品牌。如意大利的古姿创立于 20 世纪 20 年代，20 世纪 40~50 年代是站在流行顶端的品牌，是好莱坞明星和欧洲皇室人员喜爱的服饰，但在 20 世纪 70~80 年代，整个品牌呈老化现象，1994 年秋天，创作总监汤姆·福特将它从一线品牌转入二线品牌，一举成为米兰最热门的品牌和国际时装界的新宠儿。

二、服装品牌的标准

尽管服装品牌门类繁多、情况不一，但是成熟的服装品牌共同拥有以下几个特征：

1. 强有力的资金拥有量

服装品牌打造初期是资本的投入期，资金需求量大收回投资的周期较长。据调查，比较正规的品牌服装起步投资应不少于当时当地社会人均收入的 100 倍，否则，投资者抵御市场风险的能力非常有限。此外，成熟的品牌服装是属于奢侈品行业的产品，尤其是名贵服装。国际著名品牌的品牌效应中，很大一部分内容是用金钱堆砌起来的，没有巨额资金的铺垫，很难在此行业中显出霸气，因此，资金势力是衡量服装品牌的重要标准，没有资金的铺垫只能是纸上谈兵。

2. 国际性的市场占有率

国际性服装品牌的产品应该在全世界各大主要城市拥有较高的市场占有率，即产品在零售市场上的覆盖率。这既表明该品牌的产品能在国际范围内被消费者认可，具有很好的国际认同感和市场适应性，也表明该品牌拥有强大的国际营销网络体系，体现出老道的市场运作能力和完善的管理体系。

3. 经常性的品牌曝光率

一个著名的服装品牌不仅需要品牌消费者的认可，也需要社会公众的认可，因此，服装品牌要保持持久良好的品牌形象，必须经常性地出现在新闻媒体中，提高品牌的曝光率是必不可少的重要举措，否则，即使是国际性大牌也会因其在新闻媒体中保持低调策略而被人遗忘。法国时装公会审核某品牌是否能成为高级女装（Houte Coutour）的条件之一，就是看其是否有能力一年内举办两次时装发布会（图 7-2）。

4. 世界级的著名设计师

著名的服装品牌主要是由公司品牌和设计师品牌组成，除了少数公司品牌和制造商品牌外，大部分品牌都会聘请著名的设计师。名师和品牌之间的关系是相辅相成的，名牌可以造就名师，名师可以推广名牌。

5. 强盛的国家整体实力

想打造著名的服装品牌，往往需要国家或地区的整体经济实力作为支撑。如国际性服装品牌均源自发达国家，来源于国际流行的发源地，它不仅需要这些国家有很强的经济实力，也需要这些国家有很强的国际影响力。

图 7-2　2017 春夏米兰时装发布会

第二节　品牌服装市场调研

顾名思义，市场调研就是对市场开展调查研究。服装市场调研的主要目的是弄清当前服装市场的情况，找准品牌的投资方向，为品牌风格的确立提供有力证据。俗话说"商场如战场"，在商场竞争日趋激烈的今天，企业懂得了商业信息的重要性，开始注意对市场进行调查研究。无论是在服装品牌设计之初，还是在品牌的后期维护与运营，市场调研都是一项非常重要的工作。

对于服装设计师来说，市场调研的重要性主要体现在以下两个方面：

（1）了解品牌服装现状，提供市场决策依据，对于一个将要推出的新品牌来说，市场调研是必不可少的前期准备工作，做什么品牌和采取怎么样的做法，都取决于经营者对当前服装品牌市场的认识。对于已有品牌来说，品牌风格的变动需要企业进行扎实有效的市场调研，为企业随之而来的大笔资金投向做好导向。

（2）了解对手品牌，及时调整经营手段，在市场竞争中，企业通常选择两三个与自己旗鼓相当的对手作为竞争中的目标品牌，通过市场调研，弄清目标品牌的底细，对其进行优势、劣势、机会和威胁分析，以便更好地进行品牌设计，为赶超对手提供客观依据。

一、收集流行信息

　　掌握最前沿的流行信息，是品牌服装设计首先要解决的问题。服装是一种典型的时尚产品，品牌服装走在时尚最前沿，引领时尚的发展。服装在流行过程中会受到社会文化、价值观念、消费习惯、生活方式等方面的影响，服装流行信息的收集和分析有利于品牌服装设计，并且是企业发展过程中必须要掌握的信息，因此较好地掌握服装流行趋势能够给企业带来很好的市场机遇。流行信息主要收集有以下几方面内容：

1. 色彩的流行信息

　　色彩的流行是服装整体流行的方向标，是对消费者的色彩倾向分析和预测。把握住色彩，就等于把握住了流行的命脉。色彩通常是设计过程的开始，它影响着人们怎样看待你的服装。色彩预测是用知觉、灵感、创造力等要素，来收集、评估、分析和解读数据，从而预测消费者所需求的一系列色彩（图7-3）。

图7-3　街头色彩调研信息

　　每一季的流行色彩，各大品牌几乎都出现惊人的一致性。在流行预测发布中，一些来自自然界的名词常被用来描述流行色，如：

　　（1）花卉类：紫罗兰色，玫瑰色，丁香色。

　　（2）食品类：樱红色，酸橙绿，巧克力色，橄榄绿。

　　（3）昆虫类：朱红色，胭脂色。

　　（4）宝石类：翡翠绿，红玉色，宝石蓝。

　　（5）矿物类：黄金色，铁锈红，钴色，赤土色。

　　（6）水族类：鲑鱼色、珊瑚橙。

　　（7）地名类：中国红。

　　关于流行色的分析与预测，将在本书第十三章第四节讲述，本章不再赘述。

2. 纤维及面料的流行信息

　　纤维及面料是构成服装流行最基本的要素之一，流行信息的内容包括：

　　（1）原料：纤维原料是天然的、再生的，还是其他材质，如皮革、毛皮、橡胶、金属等。

　　（2）质感：是上蜡般的、棉布般的，还是绸缎般的光泽；是手感柔糯，还是手感蓬松的表面质感；是否有皮雕般的表面浮饰。

　　（3）重量：也可理解为面料的造型轮廓和悬垂性。是如薄纱般轻盈的丝织雪纺纱，还是厚重的麦尔登呢料或双面布，也是重量中等的法兰绒或印花丝毛料。

（4）图案纹样：是苏格兰方格、波尔卡圆点、提花织物，还是涡旋纹花呢。有些面料的迷人之处就在于错综复杂的织法，是怀旧的印花式样，还是现代的抽象图案设计（图7-4）。

（5）风格：常用一些形容词来表达，如柔软、轻薄、平挺、细腻、规则、幽淡、粗糙、稀疏、厚重、炫目、暗淡等。

3. 款式及风格的流行信息

服装的款式与风格的流行信息，能勾勒出服装的整体轮廓。服装款式包括各部位细节，服装风格则综合了所有的流行要素，让服装式样有一个特殊面貌。对于流行信息的整合，除了分析色彩、款式、面料以及细节之外，试着捕捉当下所看到的服装整体印象，如绅士风格、白领风格、波西米亚风格（图7-5）。

图 7-4　图案市场调研信息

图 7-5　款式与风格调研信息

二、服装销售情况调研

对于服装品牌来说，服装市场的变量因素很大，销售业绩被认为是衡量品牌成败的唯一标准，因此在众多调研方法中，比较直接有效和常用的方法有观测法、问卷法、统计法。不论是哪种调研方法，调研者先入为主的主观意识不能掺和进调研过程，对调研对象要采取客观、公平的态度进行调研（图7-6）。

图7-6 服装销售场所调研

表7-1是市场调研中针对卖场销售情况进行调研的主要内容。

表7-1　针对卖场销售进行调研的主要内容

	内容	说　明
专柜形象	道具	边柜、中岛柜、货架、模特、灯具、衣架展示柜、摆件
	广告	宣传画、广告品、出样、包袋、吊牌、样本
	细节	卫生、货品
商场形象	位置	商场和专柜的位置、朝向、楼层
	装修	建筑风格、橱窗、新旧程度、装修色调、装修材质
	环境	商场的档次、周边的其他品牌
	布局	进驻品牌、数量、档次
	地段	商业位置、交通方式、邻近商场、周围人员
产品形象	款式	风格、系列、品种
	色彩	主色、副色、点缀色
	面料	名称、成分、观感、手感、价格
	工艺	板型、做工、价格
	数量	货品数量、品种数量、色彩数量
	价格	产品分类价格带、典型产品价格、折扣价
服务情况	营业员	人数、年龄、外形、收入、精神
	服务	语言、技能、态度、程序
	售后服务	退换货、货品修补
顾客情况	客流	年龄结构、男女比例、时尚程度、购买方式
	驻足	停留人数、流动人数
	翻看	挑选翻看商品的人数
	询问	主动向营业员询问商品情况的人数
	试衣	试衣人数和试衣件数
	购买	实际购买人数和购买件数

三、服装企业调研

　　企业调研是指对同行企业内部情况进行调研，这种调研由于要涉及调研对象的商业机密，一般较难找到愿意接受调研的企业，因此，做好企业调研的前提是要消除企业的戒备心理，使之愿意配合调研。服装企业调研的目的主要是为了了解业内现状，做好投资参谋，同时也可以学习优秀品牌服装企业的先进经验，掌握好运作方向。

　　企业调研的方法可分为问卷法、采访法、侦测法。这三种方法依据调研的企业情况不同而各有利弊，需要调研者具有丰富的业内经验，正确分析和处理调研所得的数据和情况。此外，要选择在行业内具有代表性的与企划中的品牌非常相近的品牌作为调研对象。根据调研主题的不同，既可以进行面上调研，掌握同类企业的一般情况，也可以深入调研，研究某个企业的全部情况。

表 7-2 是市场调研中针对服装企业进行调研的主要内容。

表 7-2　针对服装企业进行调研的主要内容

	内容	说　明
企业概况	企业性质 注册资金 注册地点 人员构成 发展历史	企业的所有制、投资者 资金总额、到位情况 地点及相关的工商政策 管理人员、经营人员、生产人员的数量和比例 企业创立年份和发展经历
经营情况	经营方针 经营业绩 经营优势	经营目标、经营手段、经营对象 利润情况、资产情况 人才资源、社会资源、综合资源
管理情况	管理体系 管理实绩	管理制度、管理特点 管理效率
销售情况	销售实绩 库存情况 推广方式	年销售实绩、月销售实绩、商场销售排名 库存数量、品种、时限 品牌加盟、产品批发、代理
产品体系	产品开发 生产情况 材料供应	品牌理念、设计人才、设计程序 生产计划安排、生产质量控制、加工能力 材料供应渠道、材料价格、材料质地
面临问题	人才情况 其他情况	紧缺人才、员工待遇、招聘渠道、服务期限 上述内容未涉及的问题

第三节　服装品牌定位

　　服装品牌定位是指产品属性、消费对象、销售手段和品牌形象等内容的确定和划分，寻找和构筑适合品牌生存的时间和空间，让自己的产品在特定的消费者的购买行为中取得良好的销售业绩。品牌定位的表现特征是运用大量真实有效的数据、图表对市场调研的结果进行量化和理性分析，根据拟定的目标品牌风格，推断出在一个特定条件下，一个即将推出或将要调整的品牌应该采取的战略和战术。品牌定位是企业顺利发展和所生产的产品成功销售的必要前提，良好的品牌定位是品牌经营成功的前提。

一、服装品牌定位的内容

1. 消费群体定位

消费群体是指品牌所瞄准的准购买者，这些消费者在购买行为、消费心理及生活习惯等方面有许多共同之处。随着社会的进步和人们理念的不断变化，导致消费品的不断多元化，将消费群体进行具体详细的划分，是为了更好地明确品牌的发展方向。分析消费对象是要对他们的性别、年龄、收入、性格、职业、受教育程度、民族和宗教等做出明确的划分。

2 产品风格定位

产品风格就是产品所表现出来的设计理念和流行趣味。不同的消费群体，决定了不同产品的风格，消费群体划分的越精细，产品的风格就越丰富。可是无论如何划分，产品的风格基本上可以分成两大类：即主流风格与非主流风格。主流风格是指适合大多数消费者的、在市场上成为主导产品的风格，相对来说，主流风格流行度较高而时尚度较低。非主流风格是指适合追求极端流行的消费者，在市场上比较少见的风格，其流行度较低，时尚度较高，往往是流行的前兆。

主流风格与非主流风格是根据流行面的大小而决定的。在社会环境发生变化时，主流风格和非主流风格将发生位置的转移。不论是哪种风格，为了更好符合消费者的需求，往往对风格进行通俗易懂的命名，这些名称易于消费者的理解，便于沟通，比如都市风格、乡村风格、朋克风格、嬉皮风格、军旅风格、严谨风格、淑女风格、简约风格、经典风格、浪漫风格、前卫风格、运动风格、民族风格、自然风格等（图7-7）。

图 7-7　产品风格定位

3. 产品设计定位

设计定位是指在设计理念的驱使下，对设计元素的选择。一种服装的风格往往可以由很多设计元素组成，在一定的时间内，对品牌所属产品的基本造型、基本面料和基本色彩有一个比较固定的倾向。在形式美原理和设计方法的作用下，将众多设计元素进行有效取舍，完成品牌风格的塑造。再进一步细分的话，可以分成造型定位、色彩定位、面料定位。

4. 产品类别定位

纵观许多国际著名服装品牌，几乎每一个品牌都有它最强项的产品（即主打产品），也有一些相对较为弱势的产品（即点缀产品）。根据这一特点，品牌的产品主攻方向要有所侧重。此外，要划分好每一种产品的类别和数量的配比关系。有些品牌是以单一产品类别出现的，不强调产品的系列化，但是，在设计这类产品时仍然要考虑产品的搭配关系，以便产品销售时有较大的灵活性。

5. 产品价格定位

影响服装价格的因素很多，主要可分成两大部分：

（1）凝聚了服装本身的内部因素，这些因素决定了生产销售服装所需的社会必要劳动时间，决定了服装价值的高低。

（2）与服装本身无关的外部因素，这些因素造成了价格偏离其价值的经常性剧烈波动，如时尚流行周期的不同阶段。由于品牌服装包含了无形资产的因素，其定价与普通服装有较大区别，与原材料成本没有绝对的对等关系。产品的价格是企划中非常重要的部分，利润最大化是每一个企业的经营宗旨，必须要制定最为合理的符合企业实际情况和品牌形象的产品销售价格。

品牌服装在产品价格定位之初，先要制定产品的价格带。产品的价格带是指某一类产品的价格上限和下限的幅度。由于一类产品可以用多种不同价格的原材料做成，因此，根据成本的不同，就应该有不同的销售价格。一般来说，产品价格带的幅度不宜过宽，否则将给消费者造成产品的风格和价格混乱的印象。

6. 产品销售定位

销售定位是指销售场所和销售手段的定位。产品档次与商场档次的吻合是保证产品销售额实现最大化的主要因素，因此，在选择销售场所时要选择与产品风格一致的商场档次。此外，还要考虑销售场所的所在地区、所在路段、经营方式、专柜楼层、专柜方位等。销售手段分为正常销售、促进销售和处理库存三种方式。

7. 品牌目标定位

品牌目标定位是指品牌发展的方向，大致可分为销售目标和市场地位目标。销售目标以年度为单位制定，根据每个月的销售特点，细分至月度销售目标。品牌的市场地位可以以某个品牌为目标，作为今后品牌发展的方向。如果即将推出的品牌风格在市场上已经存在，就更应该通过调研去了解目标品牌的情况，以目标品牌为竞争对手，制定相应对策。

二、服装品牌定位的表达

服装品牌的定位是企业设计团队和相关人员综合思考的结果，为了能让更多的消费者和企业内部其他人员看到和理解具体的品牌定位，需要借助某种视觉方式将这个思维结果清晰地表达出来，这个过程就是品牌定位的表达。品牌定位的表达内容不仅是对前述定位诸要素的归纳整理，还要将市场调研结果和流行分析纳入其中，也可以包括品牌精神、营销企划等。

品牌的定位表达主要从以下几方面表现出来：

1. 定位的文字表达

（1）主题：也称故事板，是指用贴切、简短的文字，将即将面世的品牌及其产品用一个合乎逻辑的、具有诱惑力的故事，形象化地阐述出来。同时，这个主题也是品牌形象推广和品牌运作的执行标准。例如，意大利服装品牌范思哲的品牌主题是：用神话中的蛇妖美杜莎表现致命的吸引力。美艳非凡的美杜莎女神，象征范思哲女人无与伦比的美艳、撩人，蛊惑所有为范思哲魅力心动的人，在惊艳过后被慑服。范思哲的主题表达引导服装的设计风格为夸张，充满性感的魅力（图7-8）。

（2）其他形式：在进行品牌表达的时候，文字虽然精炼，但不够形象生动，而不同的人对文字的理解形式也不尽相同，为了达到群体共识，需要在文字的基础上添加一定的数据、形象图片、精确的表格和坐标等，使品牌定位条理清晰，具有感染力。

图7-8　范思哲的LOGO

2. 定位的图形表达

（1）印刷图片：为了使定位更形象，更易于理解，可以从杂志及印刷品中寻找合适的图片，作为文字的辅助说明。品牌服装都是以实用形式出现的，为了更突出定位服装的基本形式，可以选择时尚杂志上与定位服装意图相近的摄影图片，具有更形象、直观、真实的视觉效果（图7-9）。

（2）设计草图：在设计定位的过程中，有些比较有创意的个性化服装样式在时尚杂志上是找不到现成图片的，必须依靠设计师手绘或者采用电脑绘制的方式来表达其定位意图（图7-10）。

图7-9　服装品牌定位的图片表达

3. 定位的实物表达

（1）材料样品：选择具有实际利用意义的面、辅料实物样品作为材料定位的参考，可以使设计意图更形象、生动。将面料与辅料进行剪切和拼贴后，黏在图片的合理位置（图7-11）。

（2）实物样品：是指用与品牌目标非常接近的、现有的样衣实物作为材料和款式定位的参考。可以使设计形象更清晰，表达更准确，为产品生产

图7-10　设计草图定位

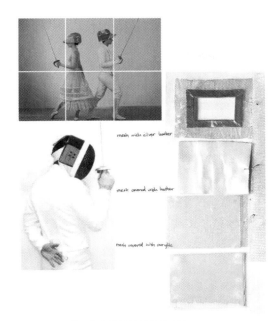

图 7-11 服装品牌定位的材料样品表达

提供一定的参考（图 7-12）。

4. 定位的色彩表达

（1）面料实物色卡：利用面料本身的色彩表达产品的色彩定位。将选中的面料小样按照使用比例拼贴，具有真实、直观的效果（图 7-13）。

（2）标准色卡：以业内通用的标准色色卡确定产品的色彩方案。在材料实物样品的色彩与产品色彩定位所需要的色彩不吻合时，可以利用标准色色卡确定色彩方案，交付采购人员或生产厂商作为操作标准。常用的标准色卡有美国潘通色卡、德国 RAL 色卡、日本 DIC 色卡、Munsell 色卡等。

（3）自制色卡：利用绘画材料或其他材料自行制作色卡，交付采购人员或生产厂商作为操作标准。

图 7-12 服装品牌定位的实物样品表达

图 7-13 服装品牌定位的实物色卡表达

三、服装品牌的命名方法与形式

品牌名称是对品牌的称呼，是品牌之间识别的核心要素。品牌的名字不仅涉及消费者对品牌的认知，甚至会关系到品牌产品的设计风格以及销售量。品牌的命名在品牌风格确定的前提下展开，名称及其图形为体现品牌风格而服务。

1. 服装品牌的命名方法

一个好的品牌名称在很大程度上对产品的销售产生直接影响，使消费者容易对品牌认知。好的品牌名称应该具有寓意深刻，朗朗上口，便于记忆的特征，使消费者全凭直觉对品牌名称形成自己的理解。品牌的命名要顾及名称的听与看的效果。

（1）地域法：这种命名方法是把企业品牌的名称与企业的产地联系起来。利用消费者对该产品产地的信任，使该产品与其他企业生产的产品有明显的区别，如北极绒、罗马世家、美国苹果等。

（2）人名法：人名法是将名人、明星、设计师或企业首创人的名字作为产品品牌名称，促进消费者对产品的认同，如李宁、D&G、CK等。

（3）关联法：选择与产品风格有关联的文字命名，如淑女屋、江南布衣、兔仔唛、ELLE等。

（4）造词法：非常规或非逻辑地编造新词，追求别出心裁的效果，如太子龙、猪跑跑、moode等。

（5）谐音法：利用汉字同音或近音代替本字，产生辞趣，赢得观众的注意力，如衫国演义、热唛、衣统天下等。

（6）中外法：运用中文和字母或两者结合来作为品牌命名，使消费者对产品增加"洋"的感受，进而促进产品的销售，如Eral（艾莱依）、U-right（佑威）等。

（7）数字法：用数字来命名品牌的名称，可以使消费者对品牌增强差异化识别效果，如七匹狼、361°等。

（8）求异法：打破常规思维，追求新奇效果的命名，如坏男孩、丑妹、刺人玫等。

（9）模仿法：对已有著名品牌进行模仿，形成依靠品牌之势达到以假乱真目的命名，如薏丹奴、皮尔卡汀、雅哥儿等。

（10）重复法：把企业名称和品牌名称统一命名，重复后产生强烈效果，如恒源祥、海澜之家等。

2. 服装品牌的命名形式

（1）外文形式：以完整的外文字词、组合词的首写字母或创新词的形式命名，给人以外来品牌的感觉，Dea（意，女神）、Fico（意，无花果）、Dessin（法，图案）。

（2）中文形式：完整的中文字词命名，明白易懂，有亲和力，如初语、范可儿等。

（3）译文形式：以外文音译、外文意译或中文音译、中文意译的形式命名，如爱美丽

（Imi's）、君梦（Dream）、美诗（MAX）等。

（4）数字形式：以一种或多种数字的形式命名，常和字母组合使用，如 T21、18teen 等。

四、产品设计形态

当品牌的方向一旦确定后，开始进入产品设计阶段，根据设计思维的特点，有四种设计形态的模式。

（1）点型设计：即单品形态设计。产品与产品之间没有特定联系，产品比较孤立，系列感和计划性均不明显，点型设计不适合真正的品牌服装设计。然而单品有很大的消费市场，尤其是在消费者的品牌意识还不够健全的地区，单品服装的消费丝毫不逊色于系列产品。单品设计的特点是强调每一个款式的完美。在某些服装企业，存在着以驳样取代设计的现象，这种现象接近于单品设计。

（2）线型设计：既系列化产品设计。具有很好配套的组合产品，强调系列之间设计元素的统一。

（3）面型设计：即服装配饰的设计。虽然新品牌的配饰品由于品牌知名度等原因不一定能成为畅销品，但是在服装风格和档次类似的前提下，有配饰的卖场比没配饰的卖场在形象上要完整得多，不仅服装的定价可以借此适度提升，而且能起到促进销售的功效。

（4）体型设计：即着装状态的设计，这是品牌服装和其他服装的一个很大的区别。品牌服装看似卖的是服装产品，其实品牌服装理想的经营境界是出售着装概念，带有新颖着装概念的产品无疑其产品附加值是高的，而且这正是品牌服装的价值所在。

第四节　服装品牌产品设计流程

一、确定主题

品牌服装在产品设计之前，先要确立主题。主题对于企业、设计团队、产品都有重要的价值，主题确立的好坏，直接关系到品牌产品的畅销与否。主题在很多情况下促成品牌高附加值。

在确立主题之前，要搜集各种元素和流行信息，然后筛选出符合本品牌风格的新鲜灵感。主题必须是在充分调查消费者的需求和欲望的基础上，同时考虑时代气息、社会潮流等。根据品牌情况，每年可以结合流行趋势先定一个明确的大主题，在大主题下再分出数个系列主题。

大主题的确定能使设计风格统一，产品的指向性强。

　　广义的主题包含文字概念、色彩概念、面料概念、款式概念等内容；狭义的主题则仅指文字部分。设计师可以根据主题设计的运用选择是制作广义的主题还是狭义的主题。无论是狭义的主题还是广义的主题，都需要用主题概念板（简称主题板）把主题明确地告诉受众者（图7-14）。

　　一般情况下，一季度产品可分为三四个系列主题，用文字或结合图片对系列主题进行定义、诠释。在各个系列主题中，面料的色彩搭配；面料的质感；图案和款式的特点上既有区别又有联系，从属于大主题。

图7-14　主题概念板

二、确定设计元素制作产品概念板

　　根据市场调研和流行趋势的资料确定主题后，就可以对主题中的元素进行提取，分析面料的流行趋势，筛选服装廓型，寻找适合元素的图案及面料。这个阶段是设计的准备阶段，面料的信息和元素的提取均可以通过概念板表现（图7-15）。

三、设计款式效果图

　　款式效果图可以是手绘草图，也可以是面料进行拼接粘贴后制作电脑真人模拟的效果图。电脑效果图与最终成衣效果将非常接近，也是检验自己概念成熟与否的一个验证阶段（图7-16）。

Stellar Universe
星空宇宙

星空宇宙是由"外太空"剖析出来的一些元素，有银河系、月球表面、分子、星系的图案，包括星星、月亮。阐述出来的是辽阔宇宙的感觉同时加入了科技和运动的元素，银河卫星元素在应用上以回忆明信片展开设计。印花在这季也更符合当今社会快速发展的状态，与神秘外太空不同的还有离我们很近、很亲切的星星月亮元素，质感柔和的雪纺面料搭配以小细褶会有一些叠穿的效果，层次感会比较强，2016ss 系列就是很简单，但会在细节上加入自己风格的小东西。有细节亮点和层次感，造型很简单，但也抓得很经典。浩瀚宇宙对于人类来说太遥远和神秘，人们将自己对星空宇宙的追求向往则描在生活中，让形形色色的卫星在脑海中飞行，时刻探讨那令人充满向往与敬畏的大宇宙。

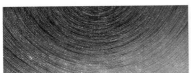

Weather
Barometer
天气晴雨表

自然中的天气元素在服装中的运用一直比较广泛，这季设计主要以可爱的大自然为主题而进行的卡通设计，其设计中的云彩、闪电、雨雪、彩虹等元素，以不同的姿态恣意呈现的每件单品中，设计师用欢快的亮色系，如宝蓝色和黄色的闪电，创作出一幅充满欢乐的阳光雨天。底色为柔和的灰色，插肩袖为亮色橄榄绿与低调米白色相间，描绘了多彩明快彩虹与带有设计师情绪的云彩图案，透过大雨过后的清新感正欢快地交谈着，云端下着蓝白状闪电图案，主力设计创意、时尚、好玩，更有立体感图案在后背处的设计为简洁廓型增添些许新意，设计灵感常源于旅行中所见的自然风光，旨在创作简单却诙谐独特的设计。

图 7-15 产品概念板

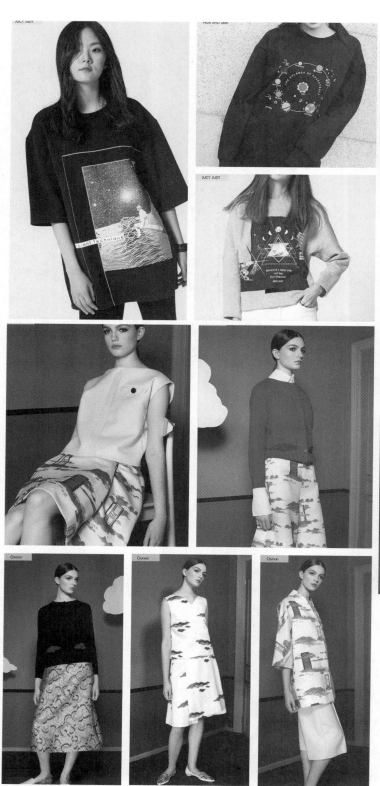

图 7-16　电脑效果图

第八章

女装设计

- 女装设计要点及设计方法
- 女装分类设计
- 市场品牌女装设计案例分析

第一节　女装设计要点及设计方法

一、女装设计要点

女装的设计复杂多样，女性对美的东西、新颖的东西有着特殊的敏感性，通常女性的虚荣心、炫耀心理较男性都更强烈，同时女性比较细腻，对服装的外观、细节、质量、价格比较挑剔，因此，服装的流行性和装饰性更多地体现在女装上。此外，女性的社会角色特征也直接决定着女装的面貌并对女装的变化产生影响。在女性从属于男性的文化中，女性的服装样式在几个世纪里几乎一成不变，但是当女性开始寻求和男子一样的平等身份和社会地位时，女性服装的风格开始迅速发展，流行周期加快，形成丰富多变的样式。关注女性社会角色的变化情况，适时、适量地在女装设计中体现其社会角色是女装设计师不容忽视的要点。

女装的设计要点依据女性形体的曲线特征而决定，是女装设计的基本出发点，具体可通过对外轮廓、肩部、胸部、腰部、臀围、底边（下摆）的设计来完成女装的基本设计。

1. 外轮廓

女装的设计，外轮廓造型是非常关键的。在女装的发展历史中，外轮廓造型不断变化，并标志着一个时代的开始和结束。外轮廓线以强调女性形体曲线特征居多，如 A 型轮廓和 X 型轮廓。在现代女装设计中，虽然也有不强调女性形体特征的轮廓线，但会用细节设计或对比手法来表现女性特征，轮廓线的设计从总体上决定了女装设计的面貌和风格，肩线、胸线、腰线和臀围线是决定轮廓线的关键部位（图 8-1）。

2. 肩部

女装的肩部设计十分重要，它是决定服装外轮廓的关键部位之一。同时，肩部也是服装外观造型变化中较受限制的部位，变化幅度远不如腰部和下摆自如。肩部的造型有自然肩部造型、平肩型、圆肩型、宽肩型、窄肩型、落肩型等，造型方法除了在肩部加垫肩外，还可与领子、袖窿等部件结合起来设计（图 8-2）。

3. 胸部

胸部是女装设计的重点，除了宽松款式外，女式上衣的省道变化大都围绕女性的胸部进行。另外，胸部是女性

图 8-1　外轮廓线

图8-2 多种肩部造型

重要特征，是形成女性优美曲线的重要部位，是视觉焦点。因此，除了用省道和分割线进行变化设计外，还可采用多种装饰方法来强调胸部，如荷叶边、褶裥、刺绣、蝴蝶结等（图8-3）。

4. 腰部

腰部在女装设计中的变化不亚于胸部，同样是举足轻重的部位。它不仅决定着服装的造型曲线，而且决定着服装腰节线的高低变化，通过改变服装腰节线的高度使服装呈现出不同形态与风格，高腰线修长俊俏，中腰线端庄自然，低腰线休闲随意，由此再演绎出不同的比例搭配，创造出新鲜感和造型美感。如新古典主义时期的女装和朝鲜族的民族服装都是高腰，第一次世界大战前的欧洲女装腰节线降至胯骨位置。腰围线处是人体较细的部位，又是上下装交界的部位，因此，它也是下装设计的要点，其设计表现方法主要有收省、打裥、抽褶、扣襻、腰带及各种分割线（图8-4）。

5. 臀围

臀围线是女性人体中最宽的部位，它对女装造型曲线的形成起着很重要的作用。

图8-3 各种胸部造型

图 8-4　高低腰线的变化

在西方服装发展史中，臀部的围度设计经历了自然、扩张、夸张、收缩等不同时期。为了改变服装臀部围度的造型，西方人曾用裙撑来夸张这一部位，后来又用紧身裤来收缩臀围。在强调低腰设计时，其腰围线就确定在臀围线上，还有口袋位置、短夹克衫长度的位置一般也以臀围线为标准。巴斯尔样式是女装设计中把设计重点放在臀部的典型例子（图 8-5）。

图 8-5　夸张的臀部造型

6. 底边（下摆边）

底边是服装长度变化的参考位置，它直接影响服装设计中的比例关系、设计趣味和时代精神。底边围度大小决定服装外部造型的变化，底边的装饰方法与女装设计风格密切相关，如开衩、打褶的位置高度与形状发生变化，往往会成为人们瞩目的服装，给当时的服装界带来颇大的影响（图 8-6）。

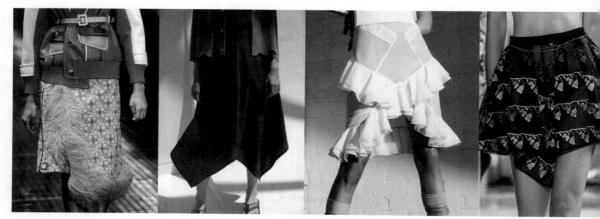

图 8-6　夸张及不规则女装的底边

除直接作用于女子形体曲线特征的要素是女装设计重点之外，一些出于人们视觉焦点和人体主要结构点的服装部位也通常是女装设计的重点，这些重点往往在领子、门襟、袖子、衣摆、腰部及裙摆等处。

二、女装的设计方法

在世界服饰的历史长河中，女装的发展变化占有很重要的历史地位，了解女装演变发展的历史，是女装设计专业人士必修的一门课程。现代设计中很多样式的设计灵感及设计方法来源于西方服装发展史中的传统经典样式，这些样式被作为符号传承至今，并用现代的手段和方法在女装设计中加以演绎，很多设计元素、造型方法、局部细节、工艺表现来源于历史。系统学习女装历史及发展过程，有利于设计师对女装样式的源与流有一个清晰的认识。如古希腊服装的披挂、缠绕、捆扎方法；中世纪厚重的造型感、多层次的穿着效果、浓郁的宗教色彩和夸张图案；文艺复兴时期借助紧身胸衣、裙撑和填充物强化细腰与丰臀的人体线条，刻意夸张造型结构，拉夫领和有垂饰感的袖子；巴洛克时期大量使用蕾丝和缎带等华丽的奢华曲线装饰；极度表现女性人工美的洛可可样式；新古典主义的高腰身比例设计、舒缓的廓形、淡雅轻薄的面料；极度夸张臀部的巴斯尔样式；20 世纪 20 年代否定女性特征的"香奈尔套装"；代表 20 世纪 30 年代经济危机的细长形夜礼服；第二次世界大战期间的"军服式"；20 世纪 60 年代的迷你裙；20 世纪 70 年代源于民族民间风采的非构筑性宽松样式等，均可以为现代女装的设计要点提供借鉴。

第二节　女装分类设计

本章所介绍的女装设计是针对女性日常生活中所穿的服装。女性常服的设计需要满足舒适、美观、流行、适体等要求。大致可分为内衣、衬衫、裙装、裤装、外套。

一、内衣

"内衣（Lingerie）"一词源于法文，原意为亚麻布，因为古时候的内衣是由薄的亚麻布所制，但现在已演化成描述优雅而富有魅力的内衣制品，现代内衣的制作材料除了亚麻布，更多的是丝绸、雪纺绸、人造纤维织物、蕾丝等。内衣又被称为 Under Cover 或 Under Wear，是与人体接触最密切的服装。现代内衣早已跃入审美表现的领域，其设计在很大程度上是为外衣的造型而展开的或对外衣起到装饰作用。与一般的服装设计相比，内衣设计对适体功能和造型的要求之高是其他类别服装所不可比拟的。

1. 女性内衣分类

（1）文胸：又称胸罩、乳罩、胸衣等。主要作用在于使女性乳房保持集中、平衡，提供正常的呵护，使乳房不会因运动而受到冲击、下垂和颤动，集装饰性和塑形性为一身，达到美化女性曲线的功能。文胸的结构主要分为肩带、罩杯、后拉片、鸡心四部分。现代文胸根据作用分得很细，有哺乳文胸、少女文胸、运动文胸等。文胸的设计多以杯型来划分，有全罩杯文胸、3/4 罩杯文胸、1/2 罩杯文胸等。全罩杯文胸指可以覆盖住整个胸部的文胸，适合丰满及胸部下垂或外扩的女性穿着，具有很好的抬升提拉功能。3/4 罩杯文胸指能盖住乳房 3/4 面积的文胸，具有将胸部集中的功能，一般在罩杯内安插棉垫，受力点在肩带上，具有良好的造型效果。1/2 罩杯文胸又称半杯文胸，功能性较弱，但提升胸部的效果较好，有利于搭配服装，使胸部显得丰满，适合胸部较小的女性穿着。此外，文胸可适当填充，修饰改善人体曲线，对人体的某些缺陷部位进行弥补和调整（图 8-7）。

（2）内裤：内裤的功能体现在保温、吸汗和保持外衣清洁，面料多采用化纤织物、棉织物和丝织物。一般内裤与文胸的设计是配套进行的，要求整体造型具有统一性。内裤裁剪简单，强调平面结构。按腰线高低分类，内裤可以分为高腰、中腰、低腰三种；按脚位的高低可以分为高脚位、中脚位、平脚位；按款式可以分为三角型、T 字型等。有些特殊的设计，如 T 字型内裤一般与紧身裙、紧身裤、牛仔裤等服装配穿，这样臀部外表不会显出内裤的痕迹，既美观又实用（图 8-8）。

图 8-7 文胸

图 8-8 低腰三角型内裤

（3）腹带：也称束腹带。由于生理规律，一般女性在 35 岁以后体型会有所变化，脂肪开始堆积，肌肉开始松弛，而具有体型矫正功能的腹带正是为此而设计，它可以将腹部的外形规范成比较理想、优美而流畅的形态。腹带也可与文胸合成一体制作成塑型内衣，将胸、腰、臀规范成完美的曲线。随着新材料的不断开发，腹带及塑型内衣的舒适性会大大提高，塑型内衣目前已成为许多爱美女性的必需品。

（4）装饰内衣：装饰内衣是介于外衣与贴身内衣之间穿着的服装，既可以在居室中穿着，又可以当内衣穿着，使外衣显得流畅而具层次感，这就是装饰内衣的基本作用。装饰内衣的搭配是有选择的，一般多与礼服、连身裙组合，因此装饰内衣是一种比较讲究的内衣，主要有连衣衬裙式和衬裙式两种。装饰内衣在设计上多运用刺绣、抽纱或加饰各种花边等手法，款式多结合人体线型设计出表现人体曲线美的样式，面料多选择光洁、滑爽、轻柔、飘逸的真丝、仿丝绸及高科技化纤面料。其功能是使穿脱外衣柔滑，防止外衣出现不自然的褶皱，并装饰外衣的整体造型美感（图8-9）。

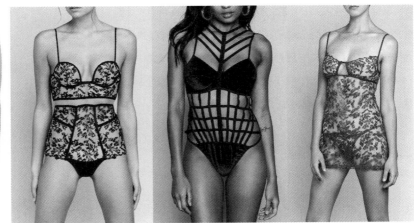

图8-9　装饰内衣

2. 女性内衣设计要素

（1）内衣的设计应注重考虑人体工程学的效用，在结构设计基础上进行款式创新。

（2）根据不同的定位，确定不同的设计风格，但必须将功能性作为设计的首要任务。根据内衣的种类和设计风格选择色彩、图案和装饰，贴身内衣以接近人体的浅色调为主，装饰内衣以个性化的各种明亮色、无色彩为主。

（3）选料要求舒适与美相结合，尤其是辅料的运用不能对人体有任何伤害，新材料需要经过测试后才能使用，以符合人的生理与心理需求。

3. 女性内衣设计方法

（1）文胸的设计方法：

①心位（鸡心）：心位指文胸的前中部位，用来连接左右罩杯。心位有宽窄的差别，设计心位时应该注意其高低，这直接决定胸罩的塑型性和稳固性。钢圈可以与心位配合来决定内衣的塑型效果，设计师应该根据乳房的高度、弧度和间距来进行结构设计。在装饰设计上，心位部分一般采用点缀法进行设计，配合整体文胸的色彩效果起到画龙点睛的作用（图8-10）。

②肩带与系扣：肩带与系扣可以分为无肩带型系扣、侧带型系扣、环带型系扣和前扣型系

扣四种类型。无肩带系扣文胸的设计相对紧身合体，设计重点是适体性，比较适合与礼服、露肩或吊带背心式服装搭配穿着；侧带型系扣文胸的设计重点是将带子的设计向外侧张开，这样胸部才能获得聚拢的压力，设计师应该合理设计肩带的位置和长度；环带型系扣文胸以一种酷似肚兜的形式，将肩带绕颈，并在颈后相连接，设计师应主要以人体穿着舒适为出发点，重点考虑肩带的长度，在提拉胸部的时候不易过紧；前扣型系扣文胸的设计要点是将扣钩移至胸前，使两片罩杯聚拢，进而缩短胸点的间距（图8-11）。

（2）女性内裤的设计方法：女士内裤在保湿、吸汗、保证生理卫生的基础上，已经越来越成为女性美化自身的一种工具。面料的细腻、柔软与舒适程度直接决定了身体的舒适程度，所以内裤的面料更加趋向于弹性化、功能化、绿色环保化和舒适性。内裤的设计要点依据款式的不同而稍有区别。

图8-10　文胸心位的高低设计

图8-11　造型各异的肩带设计

①低腰内裤：是一种浪漫、性感型内裤，适合臀部比较平滑的女性穿着。由于其款式设计变化不大，设计师在日常设计中需注重平面结构。在装饰效果上采用局部点缀法，利用花边、蕾丝等装饰在腰头或裤脚边增添质感（图8-12）。

②中腰内裤或高腰内裤：是指腰围线在腰围处或之上的日常内裤，一般比较受成年女子的青睐。设计师在设计时要重视面料纹样的风格设计，如利用纹样点缀或块面分割的设计手法；在款式设计上要注重分割裁剪的方式，多片中腰或高腰内裤设计可以参照其裁片缝型的变化，利用边迹线的颜色和内裤底色形成对比的方式进行设计，在突出结构线的同时增加色彩的趣味性（图8-13）。

图8-12　低腰T字型内裤

图8-13　中腰内裤

二、衬衫

衬衫是一种既可以内穿，也可以外穿的无领套头式长衫。14 世纪的欧洲，日耳曼人为了御寒，在丘尼克的领口和袖口处用细带系紧，即现代立领和袖克夫的雏形。女衬衫相对于男衬衫较晚出现，在 19 世纪中期欧洲开始流行。女衬衫称为"Blouse"。Blouse 一词来源于欧洲 11 世纪时男女农民所穿的劳动服装，其特点为上身宽松的长上衣，19 世纪末为配合外套穿着而发展起来的内穿上衣。随着现代女装观念的不断解放，衬衫除了保持其原有的与外衣配套的功能外，逐步向外衣化、时装化、休闲化方向发展。

1. 女衬衫的种类与特征

衬衫是女性春秋季节搭配套装和夏季穿着的主要服装，它的品种按照面料可分为呢绒衬衫、丝绸衬衫、棉布衬衫等；按款式则可分为长袖衬衫、短袖衬衫、无袖衬衫、有领衬衫、无领衬衫等。女式衬衫款式活泼多样、轻松随意，特别是夏装衬衫因面料多用轻薄柔软的丝织物，设计上可以选择一些轻松、浪漫、别致的元素（如蝴蝶结、波浪褶、蕾丝缎带等），给人以飘逸、优雅、高贵的视觉感。女衬衫的整体造型介于紧身与宽松之间，夏季单独穿着的款式造型则比较丰富，各种外造型线均可应用。女式衬衫的设计细节通常将重点放在领子、袖口、门襟、下摆、胸袋等部位，尤其以领、袖部位更为重要，因此，在女式衬衫设计上通常对领子的造型再三推敲，力图用最美的线条、最时尚的元素来表达（图 8-14）。

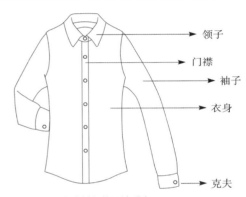

领子
门襟
袖子
衣身
克夫

图 8-14　女式衬衫的设计重点

2. 女式衬衫设计要点

（1）女式衬衫的色彩和纹样可根据流行色和季节要求而定，能在很大程度上反映流行趋势。

（2）女式衬衫的款式设计重点在对细节的把握，搭配套装、毛衫穿着的衬衫在这方面尤其应该重视，领型的简洁、领口的高低、袖子的长短、腰身的宽窄均应考虑内外装之间的尺寸配套关系。

（3）单独穿着的衬衫要与下装协调搭配。这类衬衫由于穿着形式的改变，拥有展现流行元素的空间，所以在设计上要协调整体与局部的主次关系、流行元素之间的对比呼应关系。

3. 女式衬衫设计方法

（1）女式衬衫的廓型设计：衬衫设计的主体就是衣身的廓型设计，衣身的结构是整体衬衫廓型变化的主要部位，决定了衬衫的造型特点，是衬衫样式变化的主体因素。不同的衣身结构造型特征，需要与之协调的袖型设计、领型设计、门襟设计，强调衬衫特征性的细节和工艺设计。根据不同的松量变化，衬衫的廓型设计可以分为宽松式衬衫、紧身式衬衫和上松下紧式几种。宽松式衬衫特点是衣身各部位与人体有较大松量，产生宽松的廓型特征，通常在胸部以打褶等方式使之产生一定的松量；紧身式衬衫的特点是衣身各部位与人体较贴合，通常在胸、腰部以收省方式使之合体；上松下紧式衬衫是指衣身的胸部、腰部放松，在下摆处收紧，使之产生上松下紧的廓型特征，通常在胸腰部打褶、抽皱等产生松量的结构设计，在下摆处配合以抽绳、弹性皮筋接合等方式使之合体（图8-15）。

（2）女式衬衫的领型设计：领子是衬衫设计的关键部位。衬衫领的设计包括闭合领与开合领的基本结构变化，并在此基本结构变化的基础上进行样式的变化。衬衫领的设计要考虑领宽、领深、领座、领型、领线形状、门襟和纽扣等几方面。领子的各个部位设计要点的变化会带来人们的情感联系，例如，精致打褶的拉夫领让人马上联想到怀旧的文艺复兴时期，而超大号的翻驳领让人立刻联想到20世纪80年代。由于领子处于视觉的焦点位置，经常成为设计师诠释灵感的关键。当今时尚有着折中兼容的审美，因此，各种有着历史渊源的领子变化常成为设计师的灵感宝典（图8-16）。

图8-15　女士衬衫的廓型设计

（3）女式衬衫的袖型设计：袖子是女式衬衫的基本结构部分，衬衫样式的变

图8-16　女式衬衫的领型设计

化中就包括了对袖子的变化设计。与其他类别服装的袖子结构类似，衬衫袖子的基本结构包括袖窿、袖山、袖肥、袖长和袖口，其变化设计同样是针对基本结构而进行的，设计方法详见本书第三章，此处不再赘述（图8-17）。

（4）女式衬衫的门襟设计：门襟的设计变化关系到衬衫的闭合方式，且与领部的设计密切相关，不同的领型需要有不同的门襟设计与之匹配，使之产生整体和谐的效果。门襟的设计内容一般有打褶、刺绣、缀饰、荷叶边、异质面料相拼等（图8-18）。

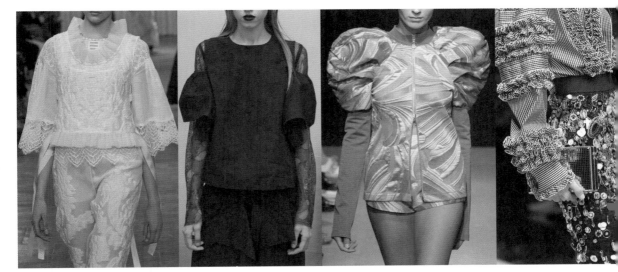

图 8-17　女式衬衫的袖型设计

图 8-18　女式衬衫的门襟设计

三、裙装

裙装按单品类别，可分为腰裙和连身裙。

1. 腰裙

腰裙（Skirt）是将布片围绕臀围，并通过收省的方式达到吻合体型的作用。腰裙是女装中最古老、历史最悠久的下装品类，最早可追溯到公元前三世纪古埃及人穿着的腰衣。在女装发展史中，腰裙经历了合体、宽松、庞大等一系列造型的变化和演绎过程，对女装整体造型的塑造起到不可忽视的作用。腰裙按长度可分为超短裙、短裙、及膝裙、中长裙、长裙、超长裙等。按造型不同可以将腰裙分为窄裙、A 型裙、打褶裙、圆台裙等裙型（图 8-19）。

（1）窄裙（Straight Skirt）：窄裙是指贴合人体的裙子，其造型表现为从腰部到臀部基本与人体相吻合，下摆略收，如日常穿着中经常会被提及的西装套裙、一步裙等都属于窄裙的范

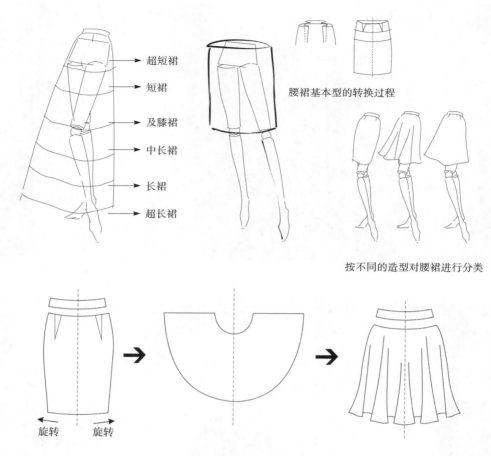

腰裙基本型的转换过程

按不同的造型对腰裙进行分类

超短裙
短裙
及膝裙
中长裙
长裙
超长裙

旋转　旋转

图 8-19　腰裙的造型变化

畴。窄裙的基本结构需在前片与后片对腹省和臀省进行处理，满足人体线条的基本需求。此外还需加入一些功能性的设计，在后中线的上端或侧缝处设计开口满足穿脱的功能，在下摆设计便于行走的开衩，由此构成窄裙的基本结构，窄裙的设计就是在基本结构的基础上展开的。

窄裙的展开设计必须围绕贴体性这一造型特征，可以从打褶、分割、插片等结构变化来进行，同时功能性分割线和装饰性分割线也经常被用来丰富设计。窄裙的设计还可以通过分割的方法、零部件的运用，以及面料、色彩的变化运用等方面展开设计，如在腰头、口袋、扣襻、下摆或其他部位采用刺绣、拼接、装饰辅料等进行装饰（图 8-20）。

（2）A 型裙（A Line-Skirt）：A 型裙是指在窄裙的基础造型上，将下摆略向外扩张形成的造型，其特点是为方便行走而进行的下摆功能性处理。A 型裙的基本结构是在窄裙的基础上，通过结构的剪切法，增加其裙摆的宽度而完成的。其造型特点是腰至臀部合体，臀围线下逐渐放松，下摆围度便于行走，无须进行开衩结构设计。

A 型裙展开设计时，需考虑属性特征，以及此特征所带来的设计倾向。如都市倾向的 A 型

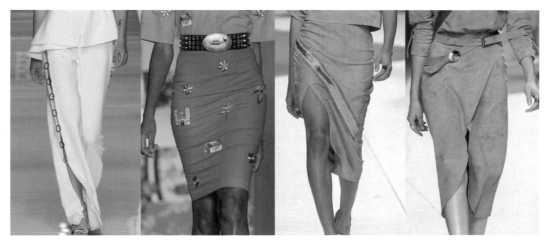

图 8-20　长短不同的窄裙设计

裙需表现职业摩登的特征，可进行简单分割设计、精致滚条设计、细皮带装饰、小型金属装饰等；牛仔倾向的 A 型裙需表现休闲特征，可进行多分割设计、缉线设计、拉链设计、金属装饰设计等；功能倾向的 A 型裙需具有军旅感，工装样式所具有的典型特征，如口袋设计、功能性襻带连接设计、多分割设计、配件设计等；礼仪感的 A 型裙需表现女性特征，可运用柔软的薄型面料，进行收褶设计、垂荡设计、蝴蝶结装饰设计等（图 8-21）。

图 8-21　A 型裙的展开设计

（3）打褶裙（Pleated Skirt）：打褶裙是指在窄裙造型的基础上，通过打褶等结构处理的方法进行展开设计。褶在裙子造型过程中不但具有与省道和分割线相似的结构作用，还可以通过打褶或抽褶的方法对裙型进行放量的变化，它既可以表现出多层次的立体造型效果，展现裙型的结构动感，同时还具有很强的装饰效果（图 8-22）。

图 8-22　褶裙的展开设计

图 8-23　普利兹褶裙

图 8-24　塔克褶裙

对打褶裙进行展开设计时一般分为规律褶的展开设计和自然褶的展开设计两类。规律褶会产生一定的立体感，设计时注意打褶的位置、方向和数量，在达到造型目的的前提下使裙装不产生臃肿感；自然褶的展开设计需明确抽褶线的位置和抽褶的量，注意这两点变化所产生的结构与造型的匹配度。自然褶具有随意性、多变性、丰富性和活泼性等特点。规律褶则表现次序性，包括普利特褶裙和塔克褶裙，普利特褶裙指热定型固定褶且褶的分量相等（图 8-23），塔克褶裙指只需固定褶的根部，其余部分褶自然展开（图 8-24）。

（4）圆台裙（Circular Skirt）：圆台裙是指腰部合体，下摆圆形展开 180° 造型的裙型。圆台裙具有很强烈的动态，可以表现女性化特点。圆台裙的基本结构是在 A 型裙的基础上，继续增加其裙摆的宽度而完成的半圆型或整圆型腰裙。半圆裙指裙摆宽度正好是整圆的一半，整圆裙则是整体裙摆结构的极限。圆台裙的结构处理完全抛开了省的作用。

圆台裙进行展开设计时需注意裙摆的大小与裙长的设计，此外，可结合其他的腰裙类设计方法以达到综合运用的目的（图 8-25）。

图 8-25　圆台裙

2. 连身裙

连身裙（Dress）是指上衣与下裙合为一体的裙装，是女装中的传统基本单品。最早的连身裙可以追溯到古希腊时期女性穿着的希顿（Hiton），其样式表现为用单块布料通过缠绕的方式披挂在人体上，形成流畅的线型特征。中世纪由于运用了三角插片和省的裁剪处理，连身裙样式在合体性上有了明显的改变，变成更能充分表现女性身体曲线。在女装发展历程中，连身裙一直是流行的直接表达者，时而裙箍塑身，时而高腰适体。进入 20 世纪，女性除去了紧身胸衣的束缚，连身裙样式造型表现的简洁合体。在现代流行服装中，连身裙依然是女性常用的品类，依场合用途不同主要可分为礼服裙、日常连身裙两大类。礼服裙适用于各种社交礼仪场合，日常连身裙穿着场合和用途十分广泛。

连身裙的设计要点如下：

（1）连身裙的基本结构设计是在依附人体的基础上，进行腰省、胸省的结构处理，形成符合女性人体曲线变化的基本造型。连身裙的基本造型分为公主线型连身裙和连腰式连身裙。

①公主线型连身裙是依据公主线的结构转化来进行设计的（图 8-26）。

②连腰式连身裙是通过分割线结构的变化展开设计，可分为高腰位连身裙、中腰位连身裙、低腰位连身裙（图 8-27）。

（2）连身裙的廓型可在基本结构造型基础上进行肩、腰、臀的结构变化，从而产生 X 型、Y 型、A 型、H 型和 O 型等基本廓型，并根据流行特征确定裙子的长短、下摆的大小，以及袖、领等部位的形式（图 8-28）。

（3）连身裙的领口、胸、腰、臀等部位常作为视觉中心而加以强调，并根据流行内容添加

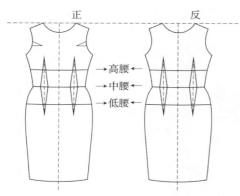
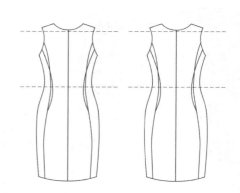

图 8-26　公主线型连身裙的基本结构设计

图 8-27　连腰式连身裙的不同腰位设计

图 8-28　日常连身裙的廓型

细节设计（图8-29）。

（4）对连身裙单品进行不同类型的基本分类，可更好地延展设计方法，明确设计方向。连身裙根据样式特征可以分为衬衫式连身裙、内衣式连身裙、外套式连身裙、沙滩式连身裙、帝政式连身裙、工装式连身裙、风衣式连身裙等类型（图8-30）。

图8-29　日常连身裙的细节设计

图8-30　连身裙的品类

四、裤装

裤子（Pants）即包裹双腿的下装单品。纵观历史，裤子最早产生于游牧民族，如欧洲的日耳曼民族、中国古代西北部的胡人等。14世纪的文艺复兴时期，紧身裤样式霍兹（Hose）在男子服饰中已经出现，16~18世纪，半截裤样式布里齐兹（Breeches）流行，18世纪末法国大革命时期基本确立了现代意义的男长裤。19世纪中叶，随着体育运动的普及，裤子才逐渐被女子所接受。现今，裤子是女性日常穿着中的重要单品。

1. 女式裤装的分类与特征

裤子的变化主要是裤裆、裤腰、臀、裤脚口、裤的松紧程度等。按裤子裤管的宽窄程度和裤裆的宽窄高低程度，裤子可分为紧身裤、直筒裤、宽管裤、裙裤、喇叭裤、马裤、哈伦裤等。按长度对裤子进行分类可以分为热裤、西装裤、百慕大裤、中裤、七分裤、八分裤、九分裤、长裤等。女装裤子的造型与设计方法很大程度上借鉴男装的裤子，同时不同程度受流行的影响。随着新科技、新面料的问世，如水洗布、砂洗绸等面料的推出，由于其柔软、悬垂性好，导致裤型在宽大、松身的廓型方面不断变化发展，丰富了裤装的设计内容（图8-31）。

图8-31　裤子的造型

2. 女式裤装的细节设计

女式裤装的细节装饰设计包括口袋设计、腰部设计、裤脚口设计等多个方面，这些细节设计必须兼顾功能性与时尚性。细节设计可以强化裤装类别的风格，也可以为不同的裤装产生设计卖点。

（1）裤子口袋设计：可以设计成斜插袋、直插袋、袋鼠式口袋、箱式袋、大贴袋等多种形式，还可以结合不同的装饰方法，如纽扣、拉链、缉线等产生多变的设计风格（图8-32）。

（2）裤子腰部设计：包括腰线的位置设计，腰线的造型设计和腰部的附加装饰设计。腰部的位置设计有高腰、中腰、低腰、超低腰和无腰设计。腰线的造型设计有直线腰、曲线腰和其他造型线条设计。腰部的附加装饰设计有腰带设计、附加金属装饰设计、附加扣襻装饰设计等多种（图8-33）。

图 8-32　裤子的口袋设计

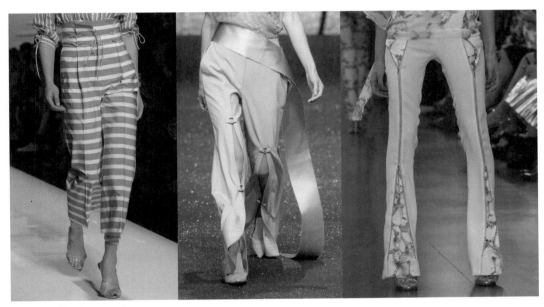

图 8-33　裤子的腰部设计

（3）裤脚口设计：是彰显设计风格和体现设计细节的点睛之处。裤子的裤脚口设计需与其他部分互相协调、互相补充，并注意穿脱的方便。设计时可根据不同的需求采用装扣设计、抽绳设计、拉链设计、松紧设计、翻折设计等多种设计手法（图8-34）。

图 8-34　裤子的裤脚口设计

五、外套

外套是女子外出时穿在最外层的服装，由于穿着用途不同，衣服的长短宽窄变化多样，一般可分为春秋外套、风衣、大衣等。

1. 春秋外套

女子春秋外套起源于男子服饰。巴洛克中后期，男子服装中出现鸠斯特科尔（Justaucorpr），即外穿衣。到 18 世纪末至 19 世纪中叶，男装基本确立了现代意义的三件式穿着样式，即外套、马甲、衬衣相结合，现代意义的外套样式基本形成。女外套相对于男性较晚出现，20 世纪社会变化纷繁，女性走出家庭、走向社会，使得女性穿着外套并形成流行。整个 20 世纪，女装外套经历了合身、宽体等多个变化阶段，形成多种经典样式并流传至今。女子春秋外套一般有夹层设计，根据不同的穿着场合，其样式特征各不相同，主要可以分为商务型外套和休闲型外套。

（1）商务外套：女子春秋商务型外套多以西装样式为主，在细节及轮廓造型上沿袭了传统男式西服的设计特点，采用的面料和轮廓线条都比较经典。19 世纪末欧洲的高级时装店称这种西服式女子外套为男式女服，这一称谓将女外套的特征与源流表述的极为贴切。随着现代衣着生活观念的变更，西服样式外套的穿着方式与造型特征呈现多样化，穿着场合从商务、职业场合扩展到各种都市、休闲场合，应用范围更为广泛。商务型女子西装外套的展开设计可以在整体上调节外形线条，使其变得较为随意；添加装饰性分割线，使其表现形式更为丰富；细节设计在烘托整体的前提下，可加入附加装饰设计，如缉线装饰、贴袋设计、拼接设计等（图 8-35）。

图 8-35　商务型女子西装外套基本款

以下列举几款经西装样式演变出的传统商务样式，这些传统样式常常不断地影响着现代女装设计（图 8-36）：

①常青藤样式（Ivy Blazer）：常青藤样式指的是美国东部地区的八所著名大学的校园服装样式，其特点是三扣单排式，肩部造型通常不加垫肩，成自然造型，领型细长，整个衣身以直线的造型为主，整体的明缉线和贴袋显示出休闲轻便的特质。

②诺福克样式（Norfolk Jacket）：为运动型外套的一种。原来是一种流行于欧洲的猎装和野外服，由英国诺福克公爵所穿而因此得名。其特点是前身口袋袋口有两条同色布宽带，与腰部的腰带呼应。

③撒法力样式（Safari Jacket）：运动休闲型外套，为猎装的一种。其特点是从衬衫样式

中得来的，多袋并带有肩襻。为现代休闲外套的常见款。

④ 20 世纪 60 年代赫本样式（Hepburn Jacket）：以 20 世纪 60 年代影片中赫本的衣着造型为原型的样式特征。整体廓型为肩部合体下摆略微张开的 A 型。

常青藤样式图片	诺福克样式图片	撒法力样式图片
60 年代赫本样式	70 年代太空装样式	80 年代的宽肩样式

图 8-36　传统商务女式外套

⑤ 70 年代太空装样式（Spacesuit）：以 20 世纪 70 年代流行的"太空装"为原型的样式特征。

⑥ 80 年代的宽肩样式（Wide Shoulder Jacket）：以 20 世纪 80 年代流行的宽肩样式为特征的外套样式，特点为宽大、中性。

（2）休闲外套：休闲女装外套是指造型宽松、便于运动的户外日常服，其中最具代表性的样式即为夹克。现代生活所倡导的休闲运动理念使夹克样式在女装单品中扮演十分重要的角色。夹克型外套由于其户外运动型特点，根据季节要求布料具有相应的防水、防风、耐牢等实用性，在设计上常以填料绗缝、缉明线以及装拉链、金属拷扣等作为功能性细部处理。夹克的设计方法非常灵活，可以借鉴很多其他类别服装的细部结构，也可混搭多种材质（图 8-37）。

图 8-37 女式休闲外套

2. 风衣

风衣（Wind Breaker）又称"风雨衣"，既可用于挡风遮雨，又可用于防尘御寒，是秋冬季穿着的防风大衣。风衣是为配合军事用途而设计，后来演变成一种集功能性与装饰性于一体的男用单品，之后，又发展成为男女共用的服装单品，在设计上常表现为双排扣或单排扣、挡雨布、背部有披肩、有腰带设计（图 8-38）。

纵观服装历史，很多经典的风衣样式给现代女装设计产生很多灵感，以下介绍历史上出现的两款经典风衣样式，有助于设计师更好地掌握此类单品的设计。

（1）经典特兰契风衣（Trench Coat）：Trench 即战壕之意，是在第一次世界大战为英国陆军在战壕中作战时所穿用的防水大衣。设计特征表现为肩部有肩襻，腰部系有腰带，左右有大斜袋，衣料通常采用防水面料（图 8-39）。

（2）帕百丽风衣（Burberry Coat）：帕百丽是英国的服装品牌，1880 年帕百丽的创始人托

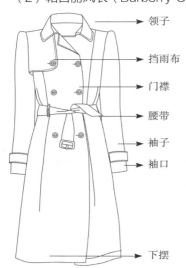

领子

挡雨布

门襟

腰带

袖子

袖口

下摆

图 8-38　女式风衣

图 8-39　经典堑壕风衣

马斯·巴宝莉（Thomas Burberry）发明了密织斜纹布料，不久后，这种面料就被做成了雨天穿的衣服，后演变为风衣。由于其生产的风衣非常著名，以至于一提到帕百丽，人们就会想到它所代表的风衣样式。经典的格子图案，独特的布料功能和大方优雅的裁剪，这些都是帕百丽风衣的特征（图8-40）。

图8-40 帕百丽风衣

现今众多风衣样式是在经典样式的基础上进行适当的改变，适时加入当下的流行元素，设计成具有时代感的产品。因此，分析历史上出现的一些经典风衣样式并对其进行展开设计，有助于设计师更好地掌握此类单品的设计。

3. 大衣

大衣（Coat）是女装冬季主要类别，具有防寒和防风之功用，是实用性极强的服装品种。女式大衣约于19世纪末出现，是在女式羊毛长外衣的基础上发展而成的，衣身较长、大翻领、收腰式，大多以天鹅绒或毛呢作面料。大衣的廓型非常重要，分为A型、H型、O型、X型等多种，不同的廓型可带给人不同的视觉感受，因此，各种廓型的大衣在展开设计时的重点位置和设计手段的运用也不相同。

纵观服装历史，很多经典的大衣样式给现代女装设计产生很多灵感，现代设计的众多大衣样式是在经典样式的基础上进行适当的改变，适时加入现今的流行元素，设计成具有时尚感的产品。因此，对大衣的样式进行分析，特别是对历史上出现的一些经典大衣样式进行分析，有助于设计师更好地掌握此类单品的设计。

（1）披肩大衣（Cape Coat）：披肩大衣指装有披肩的防寒大衣，或称Inverness，带护肩的斗篷，即以苏格兰西北部海港城市茵巴奈斯而命名，典型的如福尔摩斯所穿的大衣样式。披肩可以设计成脱卸式结构。展开设计时可以"披肩"的含义为设计灵感，去除腰带，在廓型上更接近于披肩式或斗篷式（图8-41）。

（2）达夫尔大衣（Duffle Coat）：达夫尔大衣是一种休闲型短便装大衣，通常用粗质的羊

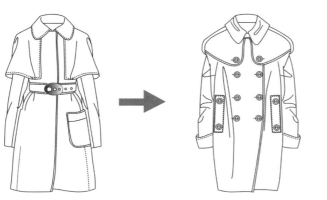

（a）披肩大衣基本样式　　　（b）披肩大衣展开设计1　　　（c）披肩大衣展开设计2

图8-41 女式披肩大衣

毛织物制作。最初为北欧渔夫所常穿的一种具有木扣和用皮革扣襻固定特征的实用性大衣样式，第二次世界大战时期为英国海军所用，后成为年轻式休闲大衣而流行。达夫尔大衣造型宽松随意，衣身上的木扣特征鲜明，展开设计时可变换衣身分割线条，帽子可设计成连帽或可脱卸帽子（图 8-42）。

（3）60 年代赫本样式大衣：60 年代赫本样式大衣是指 20 世纪 60 年代由设计师纪梵希为影星奥黛丽·赫本设计的 A 型大衣样式，随着奥黛丽·赫本在其主演的影片中穿着而流行开来。这款经典大衣为典型的 A 型造型，女性气质十足，展开设计时注意变化肩线的位置，将领、袖、肩的形状综合考虑（图 8-43）。

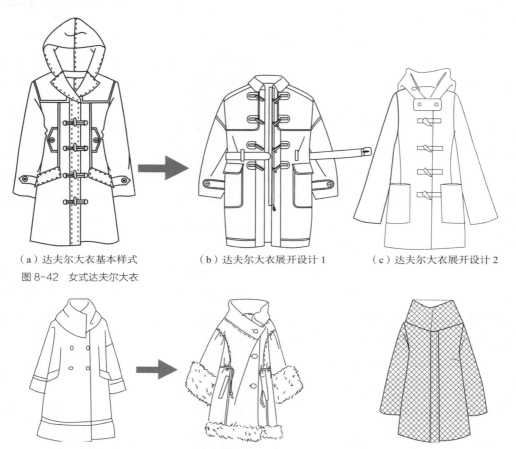

（a）达夫尔大衣基本样式　　（b）达夫尔大衣展开设计 1　　（c）达夫尔大衣展开设计 2

图 8-42　女式达夫尔大衣

（a）60 年代赫本样式大衣基本样式　　（b）60 年代赫本样式大衣展开设计 1　　（c）60 年代赫本样式大衣展开设计 2

图 8-43　60 年代赫本样式大衣

（4）80 年代宽肩直线大衣：80 年代宽肩直线大衣是指 20 世纪 80 年代服装流行受女权运动的影响，大衣呈现宽肩、下摆略收的微 T 型样式，2010~2011 年是女装流行 80 年代风格的回归，在大衣样式的设计中宽肩直线大衣再次流行。这款大衣在展开设计时可注意细节方面的调整，如止口线的高低、驳领面的宽窄、扣襻的位置等，也可直接借鉴男装大衣的装饰手法（图 8-44）。

（5）围裹式大衣：围裹式大衣是指舒适宽松的大衣廓型，配以腰带系扎。围裹式大衣受东方直线式裁剪方法影响，在样式表现上不同于以西方窄衣为主的大衣样式，表现出自由轻松的着装状态（图8-45）。

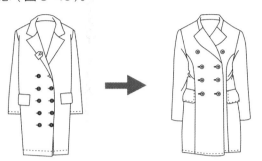

（a）80年代宽肩直线式大衣基本样式　（b）80年代宽肩直线式大衣展开设计1　（c）80年代宽肩直线式大衣展开设计2

图8-44　80年代宽肩直线大衣

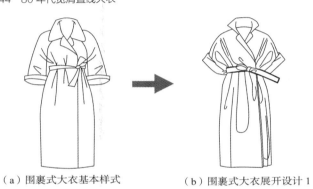

（a）围裹式大衣基本样式　　　　　（b）围裹式大衣展开设计1　　　　　（c）围裹式大衣展开设计2

图8-45　围裹式大衣

第三节　市场品牌女装设计案例分析

一、"OSHADAI" 品牌

OSHADAI品牌创立于2007年。创始人及主设计师——戴娣，是设计领域的知名设计师之一，在进入设计领域之前，是教学六年的时装设计老师。品牌设计灵感来源于舒适、温暖、快乐，表现出简约而优雅的民族风格，面料采用简洁舒适的亚麻、丝绸和纯棉，并用特殊的洗水效果，保留天然面料特有的褶皱感。OSHADAI精致的手工和对细节、廓型的拿捏是产品的亮点，其设计常给人"润物细无声"的感觉。产品除服装外，还有饰品和家居产品。目前已在上海、北京、杭州开设多家专卖店，并被多家时尚媒体报道。

二、品牌LOGO

OSHADAI 这个新颖的名称来自于"沙袋"，一种中国传统中家人朋友间传递快乐的布艺品。沙袋虽小，却蕴含着无限的亲情和友情。这个由家里多余的花布头，塞上谷物手工制成的小物件，通常用于抛接游戏，随着它的起起落落，快乐涌起在心头，蔓延至身体的每个角落。寓意着唤醒心中的舒适温暖和童年的快乐（图 8-46）。

图 8-46 品牌 LOGO

三、品牌故事

OSHADAI 服饰及家居产品出自于品牌创始人兼设计师戴娣之手，设计灵感来源于美好温暖的童年记忆。"我喜欢与家人在一起，放松心情，共度温馨快乐的时光。"戴娣说，"这种感觉正是我在每一件设计作品中所要创造的。"简洁舒适的面料，纯净的色调和精致的手工，使得 OSHADAI 产品优雅而实用，在繁忙世界中唤醒你心中的温暖，享受轻松惬意的生活。"我希望通过 OSHADAI 唤醒每个人心中的温暖。我设计的产品追求优雅品质与实用性，但除此以外我还想使它们更舒适。这不仅是身体能感觉到的，也是情绪上能感觉到的。当我在设计和制作它们时，感觉就像在家人身边一样，我希望顾客穿戴或使用 OSHADAI 的产品时，也有一样的体会（图 8-47）。"

图 8-47　OSHADAI 品牌服装 1

四、品牌定位

OSHADAI 的品牌定位来自于东方深厚的传统文化，是为追求生活品位的女性而设计的产品。选用的材料主要是亚麻、丝麻、轻薄如纱的真丝以及日本远道而来的各色手工棉布，并采用多种后处理方法体现面料特殊质感。舒适淡雅的色彩、精良的手工制作工艺及精致合理的板型，充分体现品牌的精神、主张和灵魂。款式设计将简约的民族风范融进时尚流行的基本元素，使服装质朴不失性感。OSHADAI 的作品将艺术与舒适、简单融为一体，带给消费者丰富的生活理念（图 8-48）。

图 8-48　OSHADAI 品牌服装 2

五、主题故事板

2013 年春夏，OSHADAI 以印度香料为灵感，确立设计主题——印度之宴。从廓型、色彩、面料三方面诠释印度文化（图 8-49）。

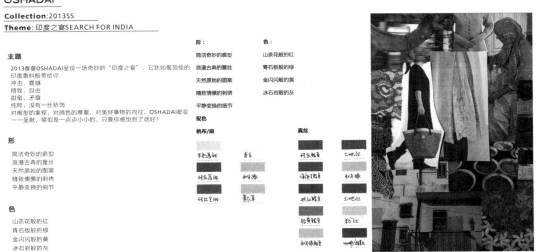

图 8-49　OSHADAI 主题故事板

六、设计款式图（图 8-50～图 8-52）

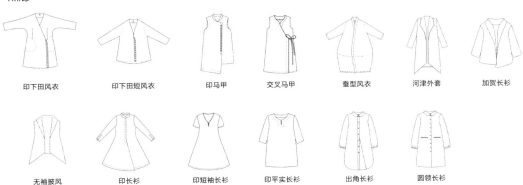

图 8-50　OSHADAI 设计款式图 1

OSHADAI

Collection:2013SS SEARCH FOR INDIA

Style: Fashion accessories_clothes_2

Romantic/浪漫

浪漫江南长衫　　蓬连衣裙　　浪漫凉下田外衣　　折长衫　　叠衬衫裙　　叠无袖衬衫裙　　折长衫　　伊豆松散外衣

图 8-51　OSHADAI 设计款式图 2

OSHADAI

Collection:2013SS SEARCH FOR INDIA

Style: Fashion accessories_clothes_3

Surprise/惊喜

惊喜拼色开衫　　惊喜拼色无袖上衣　　惊喜蝙蝠衫　　惊喜娃娃衫　　铅笔裤　　萝卜裤

图 8-52　OSHADAI 设计款式图 3

七、生产工艺单（图 8-53）

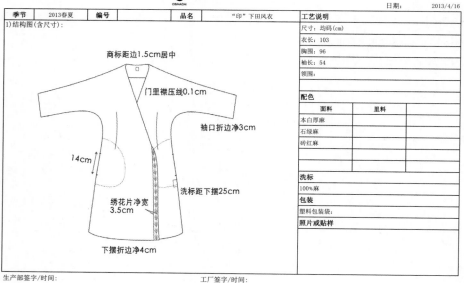

图 8-53　OSHADAI 生产工艺单

第九章

男装设计

- 男装设计的特征
- 男装分类设计
- 市场品牌男装设计案例分析

第一节　男装设计的特征

　　男性由于体能和劳作方式的特点而习惯被视为主要的社会生产力。工业革命以来，男性的生活方式发生了根本性的变化，他们的衣着以高雅、简洁、质朴的造型取代了之前的矫揉造作、烦琐花哨的装饰风格。这种从内在到外表的变化，预示着男性不再需要借助于女性化的服饰来取悦社会、强化存在感，阳刚、坚毅和敏锐成为现代男性美的象征。

　　相比女装而言，人们常常觉得男装缺乏变化，无论是造型、色彩、材料，还是图案、配饰，即使有创意，表现起来仍然是中规中矩，摆脱不了程式化设计语言的特点。而现代男子对时尚的热衷和追求并不亚于女性，随着时代的变化，展现出各种不同的服饰风貌。

一、男性体型及心理特征

　　男装设计与女装设计最根本的区别源自男女性别差异所导致的体型及心理方面的差别。

　　体型方面，男性身高较高、四肢较长且粗壮、腰节偏下，肩宽背阔、躯干扁平、体表起伏较小，胯部较窄、腰部与臀部的围度差小于女性，体型呈较明显的倒三角形（表9-1）。

表9-1　男女体型差异

	男	女
颈部	粗壮、较短、线条较直、肌肉鲜明	细巧、圆润、线条顺滑、肌肉平缓
肩部	宽阔、肩斜度较平、锁骨突于体表	较窄且圆浑、肩斜度较大、锁骨不明显
胸部	宽阔、平缓、乳腺不发达	狭窄、起伏、乳房隆起
背部	较长、厚实、肌肉发达、后背拱起较大	较短、柔和、肌肉平缓、后背拱起较小
腰部	较粗短、腰节线低	较细长、腰节线高
臀部	宽度小于肩部、外形收紧	宽大、向后凸出丰满
臀部	粗壮、肌肉发达、局部起伏明显	较细、肌肉不明显、外形柔和圆顺
腿部	粗壮、肌肉发达、局部起伏明显	细长、肌肉不明显、外形柔和圆顺

　　心理方面，长期以来传统社会环境塑造了男性特有的社会心理特征。他们在社会、团体、家庭的很多场合中常常处于主导地位，在价值观上更多的渴望得到自我实现和他人认可。社会要求男性具备强烈的社会责任心，具有勇敢进取、稳重严谨、敢于承担等品质特征。

二、男装设计的基本特征

　　在男性生理、心理特征的影响下，男装设计总体上需要表现出男性的阳刚之美，强调严谨、简练和挺拔的气质风度。男装的发展是具有继承性的，在各个历史时期，不同文化背景和地域条件的影响下，男装设计被赋予鲜明的时代特征，展现出完全不同的服饰形制和细节特点。

中国古代男子服饰，普遍采用二维平面裁剪，习惯运用宽袖大襟或夸张头饰来增强服装的体量感，以服饰掩盖身体曲线，以衣物辅助体现出雄伟的男性气概。而西方男子传统服饰，在立体裁剪的基础上，通过使用高领、隆肩、排扣等手法，夸张上半身的体积，强调健美雄壮的肢体美，以此塑造男子的雄性美。

现代男装设计，在服装的品种和廓型方面已经基本固定，中西方服饰差异也在逐渐缩小，侧重于运用精致的面辅料、精良的裁剪、缝制技术，塑造出与现代男性内在气质和外在审美统一协调的主流男装形象。

现代男装设计主要具有以下几个特征：

1. 品种固定注重服饰整体搭配

纵观男装发展历史，从 19 世纪开始，现代男装的基本品种已经初步确立。到了 20 世纪，更是留下了许多经典的男装样式，男士服装款式日趋简化，并朝着理性化的方向发展。目前，男装市场的主要品种包括西服、衬衫、夹克、大衣、风衣、防寒服、针织毛衫、内衣、裤子等。男装的整体穿着比较讲究服装与配饰的协调，在传统观念中对男子社会角色的定位是沉稳、干练、机智等形象特点，所以现代男装的穿着形象普遍强调配饰与服装之间的统一、协调，讲究配套穿着的整体效果。尤其在一些正式的场合，男子几乎是清一色商务西服套装，搭配领带、腰带、袖扣等配件，这也体现出现代男装国际化的着装趋势。男装相对于女装来讲，设计元素更简洁、更程式化，男装配饰的品种也比较固定，所以更讲究配饰的高品质特点，在价格方面也更高一些。

2. 款式简洁注重功能性设计

受男子体型特点的影响以及从事社会工作的需要，现代男装款式的外部轮廓多采用 H 型、T 型等宽松简洁的造型，既符合男子倒三角形的体型特征，也衬托出男性挺拔稳重的精神面貌。内部结构线多采用直线或直线与曲线结合的设计形式，追求阳刚、强健、简洁的外观特征。领型、门襟、口袋等服装细节设计，非常注重功能性设计，体现出不同社会分工的需要。

3. 色彩含蓄注重稳健沉着风格

男性的社会地位和性格特征决定了男装色彩不能像女装色彩那样缤纷多彩，通常采用稳重素雅的色调与严谨有序的图案。特别是在男士正装设计中，稳重的色彩给人成熟老练、机智深邃等男性化联想，产生可以委以重任的心理印象。严谨的图案增加了男装外观上的变化，可以使服装呈现多种风格。色彩上，多采用统一色调或小面积弱对比色调。

随着现代男装设计的多样化发展，进入 21 世纪，受历史文化、民族习俗、地域风情、流行趋势等因素的影响，男装色彩设计越来越丰富多样，特别是一些休闲运动类服饰，如 T 恤、夹克、卫衣、衬衫等品类，在色彩和图案上经常运用较明快、强烈的色调，各种几何、花卉、动物、文字图案运用得较灵活，对比色和互补色调通过面积、位置、形状的调整组合，来达到轻松时尚的服饰风格。但总体上，男装色彩还是以中性色和深色为主，图案以质朴简约为主，表现出稳健沉着的风格特征。

4. 制作精良注重面料质地与缝制工艺

由于男装的产品寿命周期一般比女装要长，同类产品的销售单价也比女装高，作为服装产品的主要成本，男装的材料档次要比女装高。传统男装多使用高支精纺面料，比较注重面料的档次，面料总体特征是粗犷、挺括、有质感。随着纺织技术的发展，男装面料品种越来越多样，除了传统经典的条纹、格纹面料，还出现了很多强调肌理效果的新型合成面料，为现代男装设计增添了更多时尚、个性元素。男装的辅料功能越来越细化，其显著特征是保型、弹性、透气、强化，另外个性化定制辅料成为男装品牌的标识元素。

一般来说，男装工艺比女装工艺更加讲究，尤其是男装内里的定型工艺以及熨烫等工艺，更是女装难以企及的。虽然男装工艺的种类未见得比女装明显增加，但是，对工艺的品质却要求较高。近几年来，随着社会观念和审美取向的不断变化，男装特有的工艺有逐步弱化的趋势，越来越多的装饰工艺被运用于男装设计。

第二节　男装分类设计

一、西服

1. 西服的类型与特征

男西服是日常生活、外出和商务办公穿用的服装。典型的男西服套装是用相同面料做成上衣、背心、裤子三件套或仅有上衣、裤子两件套的形式。由于这种套装具有较广泛的搭配组合的可能性，适合各种正式或非正式场合穿用，从它诞生到现在两百多年间，一直不断地发展完善，受到不同时代、不同国家男性的广泛喜爱（图9-1）。

受不同时期设计风格的影响，男西服可以分为商务西服和休闲西服两大类。

（1）商务西服：是男性在上班或商务社交活动中穿用的西服，此类服装在设计、制作及穿用规范上没有礼服西装那样严格，但在款式设计、材料选择、色彩搭配及工艺处理方面还是比较考究的。穿着商务西服可以体现出男士的着装品质和礼仪修养（图9-2）。

（2）休闲西服：出现于20世纪70年代，随着西方工业化程度的不断提高，工作效率和生活节奏加快，激发了人们对回归自然、回归人性的渴望，试图在生活方式穿衣搭配等方面给予适当的心理补偿，于是类似西服之类的正装也开始出现休闲化设计趋势，西便装开始出现并逐步流行。作为便装的休闲西服在设计上融入了休闲生活理念和流行趋势，在保持西服基本特征

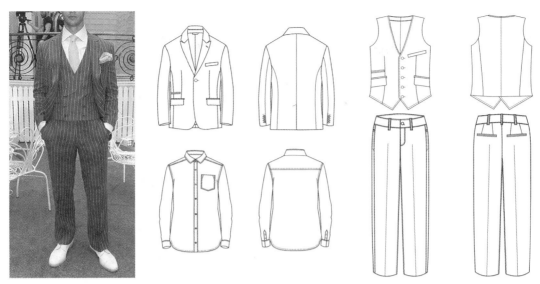

图 9-1　传统西服套装

图 9-2　商务西服

的情况下，在局部造型、结构细节、工艺制作、色彩面料、搭配组合等方面都有着很大的设计
空间，深受人们的喜爱（图9-3）。

图 9-3　休闲西服

2. 西服的设计要点

（1）基本廓型与结构：廓型上常采用 T 型、H 型等直线型外轮廓线，也可使用肩部偏圆的造型线。

款式设计主要集中在局部的细节处，如围度的松紧与衣身的长短；驳领口的位置、角度和形状；袋位的角度和形状；扣位和扣数、单排与双排；前门襟下摆的曲直度；肩袖的方与圆；侧开衩、后开衩与衩位的高低等。

西服常用的领型有平驳领、戗驳领、青果领等，下摆有单开衩、双开衩和无开衩之分；口袋有手巾袋、单嵌线袋、双嵌线袋、有袋盖和无袋盖之分；扣位有双排扣和单排扣两大类，单排扣中又有单粒扣、两粒扣、三粒扣、四粒扣之分；双排扣有两粒扣、四粒扣、六粒扣和八粒扣之分（图 9-4）。

（2）面料：西服面料是决定西服档次的重要标志之一，设计时可以根据季节和用途的不同，选用不同厚薄、风格各异的纯毛、混纺或仿毛织物。

一般来说，男式西服的面料以毛料为主。商务西服适合选用全毛精纺、牙签呢、花呢、哔叽呢、华达呢等。休闲西服面料选择范围较广，除了毛呢面料如麦尔登、海军呢、粗花呢等，还广泛采用其他比较新颖的面料，例如仿毛、毛涤、亚麻等织物，有些休闲西服受流行元素影

图9-4　西服细节设计

图9-5　不同面料西服的设计

响，采用法兰绒、灯芯绒、棉麻织物等更加轻松随意，富有质感的面料（图9-5）。

（3）色彩图案：可以按照不同用途和目的选择色彩和图案。商务正装西服通常采用沉稳的深色调，颜色越深西服的礼仪化程度越高，也常采用各种素净的含灰色调，以及人字呢、千鸟格等纹样的面料，含蓄内敛的隐条格纹样也常被选用。日常穿着的休闲西服多使用轻松、柔和的色彩或条格纹样，根据时尚流行变化，还可以使用一些浅粉色和明亮色，除了经典的条格纹，还可以使用一些抽象化的艺术纹样（图9-6）。

除了西服面料本身的色彩图案，西服穿着时的色彩搭配也很讲究。特别是人们在穿着西装时，领口区域的色彩搭配，即领带、衬衫、西服三者的配色，直接体现了西服配色的艺术性效果。

图9-6 不同色彩纹样的西服设计

二、衬衫

1. 衬衫的类型与特征

衬衫是一种既可以单独穿着，又可以搭配外衣穿着，兼具内外衣功能的男装。男衬衫的类型多样，在款式、面料、图案、色彩和装饰风格上有所不同。根据穿着用途和穿着场合的不同可以分为礼服衬衫、经典衬衫和休闲衬衫三大类。

（1）礼服衬衫：此类衬衫是用于搭配男子礼服穿用的，有晨礼服衬衫、燕尾服衬衫和塔士多礼服衬衫。晨礼服衬衫特点是使用双翼领搭配领结穿着。燕尾服衬衫特点是双翼领、U型前胸分割、双层翻折袖克夫、使用袖扣。塔士多礼服衬衫的特点是前胸有褶裥、双翼领或普通企领搭配黑色领结。

（2）经典衬衫：款式相对传统的衬衫，也是用于上班、办公、会客等场合穿着的衬衫，以白色、素色无花或条纹最常见。此类衬衫有长、短袖之分，夏装用短袖，适合单穿或搭配领带。长袖衬衫则要考虑与套装、领带的搭配关系。款式设计中规中矩，能够较为轻松地与其他男装单品搭配穿着（图9-7）。

（a）礼服衬衫　　　　　　　　　（b）经典衬衫　　　　　　　　　（c）休闲衬衫

图9-7 衬衫的主要类型

（3）休闲衬衫：是男子在度假、休闲、运动时所穿的，较活泼随意的衬衫。其自然的造型，简洁的线条，变化丰富的款式和可搭配性，由此体现出豪放、潇洒、质朴的风格，深受男士的喜爱（图9-8）。

2. 衬衫的设计要点

（1）基本廓型与结构：男子衬衫的外轮廓以紧身或宽松的H型、T型等造型线为主。礼服衬衫通过前胸分割线和腰部侧缝线进行收省处理，形成合体结构；经典衬衫多为直身结构，大方简练；休闲衬衫在直身结构的基础上进行长短、宽窄的变化，风格多样。

男子衬衫的结构变化多集中在领型、袖头和门襟这三处。领型主要包括敞角领、标准领、翼形领、纽扣领、俱乐部领、异色领、别针领、暗扣领、立领等。其中标准领由于领长和敞角比较平缓，是经典衬衫最常用的领型。敞角领又称温莎领，两个领片的夹角在128°~180°之间，可以系扎较宽的领带和领巾；翼形领的领尖小而翘起，风格较古典，这两类衬衫都可以搭配男子正装礼服。纽扣领的领尖用纽扣固定于衣身上，是典型的美式衬衫领（图9-9）。袖头分圆角和直角两种，门襟多为连裁明门襟和另裁镶门襟。

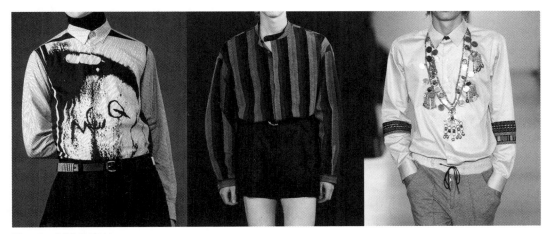

图9-8　休闲衬衫设计

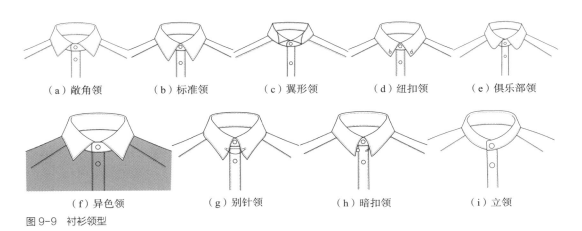

（a）敞角领　　（b）标准领　　（c）翼形领　　（d）纽扣领　　（e）俱乐部领

（f）异色领　　　（g）别针领　　　（h）暗扣领　　　（i）立领

图9-9　衬衫领型

（2）面料：衬衫面料总的要求吸湿性好、舒适透气、比较挺括，有一定的造型能力。高档的礼服衬衫以及定制衬衫，较讲究面料的纤维原料、纱支数以及织造方法。通常使用高品质的天然纤维面料，如纯棉面料、丝棉面料、亚麻面料等。例如，使用 170 支以上的埃及棉织成的衬衫面料，不仅色泽饱满柔和、结实耐穿，而且具有丝绸般光滑的手感；使用亚麻纤维织造衬衫用布，吸湿透气性好，是制作夏季衬衫的理想面料；还有采用超细精梳埃及棉，织成衬衫面料后再进行特殊的后整理，使之手感更柔软自然，这些都是比较高档的男式衬衫面料。

休闲衬衫的面料种类丰富，既可以选择全棉面料，也可以采用多品种的化纤面料，随着防缩、免烫等面料机能性的发展，可以满足中上阶层以及那些追求品质且不拘于价格和保养支出的人群。常用的面料品种有涤棉混纺府绸、细纺平布、长丝织物、提花织物、牛津布、烂花棉织物等。

（3）色彩图案：礼服衬衫一般在较为正式的场合穿着，面料在花型上较为保守和传统，色彩上基本以白色为主。经典衬衫具有很好的可搭配穿着性，所以设计上也比较中庸，在色彩上以素色为主，夏季多为浅色系，秋冬季多采用各种深色系，特别是白色衬衫，更是百搭产品。纹样上以传统细条格纹为主，条格纹越粗衬衫的休闲化程度越强。休闲衬衫的色彩纹样设计较自由，可以根据流行趋势和主题风格，采用经典的无彩色系、沉稳的深色系、靓丽的糖果色系、儒雅的粉灰色系等；也可以采用各类几何、花卉、涂鸦纹样，风格多样、设计灵活。

（4）装饰细节：礼服用衬衫的装饰配件一般都有约定俗成的规律，不可随意搭配。其他衬衫的装饰可根据流行时尚而定，休闲衬衫的设计空间更大些。装饰部位一般在领部、前胸、门襟、袖头、下摆等处。

三、夹克

1. 夹克的类型与特征

夹克是男子休闲外套中最主要的款式，是英文 Jacket 的译音。通常指衣长较短、胸围宽松、袖口和下摆有克夫设计的上衣。夹克的样式很丰富，在造型上也有一定的差异，不一定都是短上衣。从面料上可以分为牛仔夹克、针织夹克、皮夹克以及多种材料混搭夹克；从功能或者穿着目的可以分为运动夹克、工作夹克、休闲夹克、机车夹克、飞行夹克等；因设计风格的不同可以分为经典型夹克、运动型夹克、前卫夹克等；根据穿着场合或用途可分为商务夹克、便装夹克等。不同类型的夹克具有不同的设计侧重点（图 9-10、图 9-11）。

2. 夹克的设计要点

（1）基本廓型与结构：男士夹克常采用宽松或略宽松的 T 型、H 型、V 型、O 型等造型，常以直线型结构、半合身结构、局部紧身结构为主。T 型轮廓造型较符合男性体型特点，具有稳健、自然的风格；H 型夹克的外轮廓呈直身造型，四四方方的直线条，穿着舒适、大方；V 型轮廓造型在设计时多强调肩部宽度，穿着后使男性看起来更壮实有力；O 型轮廓造型下摆收

（a）经典夹克

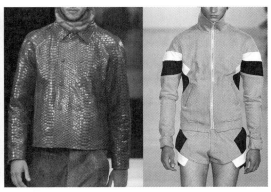
（b）皮夹克　　　　　　　（c）牛仔夹克

图9-10　夹克的种类1

（a）便装夹克

（b）针织夹克　　　　　　（c）户外夹克

图9-11　夹克的种类2

缩、多采用插肩袖，具有丰满、时尚的穿着效果。男士夹克的衣身多采用分割线，经典商务夹克采用垂直分割、水平分割和斜线分割，运动休闲类夹克则可以使用一些曲线分割，但分割线不宜过多，以免破坏服装的整体感。

领型设计可以采用小立领、八字领、翻驳领、翻领、连帽领等。门襟设计通常使用叠门襟单排纽扣，或直门襟装拉链；飞行夹克常使用立领或翻领设计，机车夹克常使用翻驳领搭配双排扣的形式；有些秋冬夹克，还使用可脱卸式假两层门襟，内层拉链，外层纽扣的形式。克夫设计可使用与大身相同的面料，也可使用针织罗纹面料。口袋也是夹克设计必不可少的部件，主要有插袋、贴袋两大类，袋口可使用嵌条、袋盖、拉链、纽扣进行装饰或闭合（图9-12、图9-13）。

（2）面料：由于夹克具有轻松随意、便于搭配、自由舒适的特点，所以面料的选择有较大的余地，可以针对夹克的类型和风格特征进行针对性设计。例如，设计商务夹克时考虑到职业特征和着装环境的需要，除了款式及内部细节设计不可过于夸张外，还要考虑面料的属性，通常采用质量上乘、外观挺括紧实的机织面料或皮革面料，混纺面料也是商务夹克较为常用的材

图9-12　夹克的款式细节设计1

图9-13　夹克的款式细节设计2

料之一。运动休闲夹克的面料采用更灵活了，各种厚薄、各种风格，各种花色的针织、机织面料都可以自由组合，还常常采用经高科技处理过的具有特殊风格、特殊肌理的流行面料。现代男士夹克设计还非常注重面料的功能性特点，经过科研开发的面料通常具有轻便保暖、吸湿透气、防风防雨、快干免烫等功能。

（3）色彩图案：商务经典型夹克在色彩设计上通常使用沉稳的深色调，如藏青色、咖啡色、沙砾色、焦糖色等，以及经典的无彩色系，纹样上多采用传统的隐条隐格或是面料织造的自然组织肌理。休闲运动型夹克在色彩设计上根据风格的差异，可选择柔和中性的粉灰色调；明快激越的糖果色调；前卫另类的暗黑色调以及极限户外的沙土色调（图9-14）。

图9-14　男士夹克的色彩设计

（4）装饰细节：商务经典型夹克通常没有过多花哨的装饰，往往通过线迹装饰、高品质辅料的使用来诠释精致细节，体现服装品质设计。运动休闲类夹克，装饰手法比较多样，常使用印花绣花、面料拼接等工艺手法进行细节装饰，或者使用网布、织带、五金扣件等辅料进行装饰。

四、大衣

1. 大衣的类型与特征

大衣是男士穿在最外层、体积较宽松的，具有防风雨、挡严寒功能的秋冬服饰产品。男士外套源于亚洲北部，13 世纪时由蒙古帝国流入欧洲，此时外套的造型、结构发展得很快。大衣在 18 世纪时成为欧洲上层社会男士的主要外套款式，那时的款式一般在腰部有横向分割线，腰围合体，当时称为礼服大衣或长上衣。至 19 世纪出现了现代大衣的各种款式，19 世纪 20 年代，大衣成为日常生活服装，衣长至膝盖略下，大翻领、收腰式，门襟有单排扣和双排扣设计，60 年代，大衣长度又变为齐膝式，连腰设计，翻领缩小，有丝绒或毛皮装饰，以贴袋为主，多用粗呢面料制作。

根据用途、形态、面料的不同，大衣有着不同的品类细分。按照用途分类有：防寒大衣、军用大衣、礼服大衣等；按照形态分类有：长袖大衣、半袖大衣、直身型大衣、卡腰式大衣、宽松式大衣等；按照面料分类有：呢大衣、裘皮大衣、皮革大衣、棉大衣、羽绒大衣等；根据长度分类有：长款大衣（长度过膝盖）、中长款大衣（长度在臀围线至膝盖之间）、短款大衣（长度在臀围线附近）三种。

2. 大衣的设计要点

（1）基本廓型与结构：大衣常用的廓型有 T 型、H 型、V 型、X 型和梯形等。大衣的造型特征和款式构成受肩袖形式的影响，方肩、装袖的形式通常与合身的 X 造型和半合身的 T 造型相配，插肩袖、半插肩袖结构则适用于宽松的或半宽松的 H 造型。这样的处理方法不仅符合不同大衣的功能需要，而且在大衣的整体造型上更能达到风格的统一。

经典大衣的款式原型为外罩可脱卸披风的宽松长大衣，这种大衣款式起源于苏格兰港口城市 Inverness（因佛尼斯）地区，也称作披肩大衣（Cape Coat）。现代男式经典大衣的款式已经发生了变化，将外罩披肩逐渐简化，变为装饰性大于功能性的前育克，款式大多为直身宽腰式，H 型、T 型为经典大衣的主要廓型，受流行时尚的影响，A 型、X 型廓型的大衣也较受消费者欢迎。

商务大衣的设计风格讲究精简干练的线条及合体修身的裁剪，常使用 H 型廓型，中长款造型。搭配驳领、翻领，以平整硬挺的装袖为主，也有一些造型饱满的插肩袖结构，单排扣、双排扣结合明门襟或暗门襟设计，口袋以插袋为主。一件合身的商务正装大衣既能达到御寒的目的，又能体现着装者良好的时尚品位以及挺拔干练的自我形象。例如拉格伦（The Raglan）和壳衬大衣（The Shell Lined Coat）（图 9-15）。

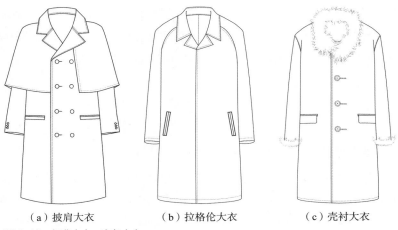

（a）披肩大衣　　　　　　（b）拉格伦大衣　　　　　　（c）壳衬大衣

图 9-15　经典大衣、商务大衣

　　休闲大衣中最具代表性的就是达夫尔大衣（Duffle Coat），基本样式是带风帽的牛角扣羊毛粗呢大衣。这种大衣有可以御寒的连帽领，前门襟有大大的牛角扣，两侧为大而舒适的贴袋。随着时代的发展，达夫尔大衣、海军粗羊毛呢短大衣（Pea Coat）等款式逐渐成为深受年轻人喜爱的休闲大衣，常常可以在校园风格、航海风格的服装中看到这些大衣样式（图 9-16）。

　　（2）面料：男式大衣通常选用具有保暖、轻柔、结构丰满、手感好、垂感好的毛呢面料。随着生活水平的提高和生活方式的改变，在传统面料的基础上，对面料塑型、保型的要求也越来越高。根据不同的季节气候，冬季常用各类厚型毛呢面料，如羊毛羊绒粗纺面料、麦尔登呢等，或者动物毛皮制作裘皮大衣或皮革大衣，还有使用各种填充絮料的棉大衣、羽绒大衣。春秋季则适用薄型毛呢或混纺面料，如贡呢、马裤呢、巧克丁、华达呢等。

　　（3）色彩图案：由于男士大衣是穿在最外层的具有防寒保暖功能的服装，受季节的影响，一般采用色彩饱和度较高的深色，或者经典的中性灰色，明度、纯度较高的色彩应根据穿用场合与目的确定。休闲类大衣色彩设计受流行趋势影响，比较多的使用沙土色系或军绿色系；一些经典的苏格兰格纹、条纹、人字纹、千鸟纹等也常出现在学院风或复古风的系列大衣设计中（图 9-17）。

　　（4）装饰细节：大衣的细节设计通常集中在袖型、领型、口袋、门襟、扣襻等处，变化较西服多，与之配套的饰品、配件的形式也比较灵活（图 9-18）。

（a）达夫尔大衣

（b）海军粗羊毛呢短大衣

图 9-16　休闲大衣

图9-17 大衣的色彩纹样设计

图9-18 大衣的细节设计

五、风衣

1. 风衣的类型与特征

　　风衣是一种防风雨的薄型大衣，又称为风雨衣。20世纪初，英国人托马斯（Thomas）使用一种防水透气的面料制作出的风衣，成为第一次世界大战期间英军军服。这种具有双排扣、领子能开关，肩部有挡雨布、肩襻，插袋设计，袖口有袖襻，系腰带，衣身有缝线装饰，下摆较大的款式奠定了现代风衣的基本款式。经历了百年的服饰历史变化，风衣以其英挺大气的廓型和舒适实用的功能成为男士服饰的必备单品。按照不同的分类标准，风衣也有很多的款式类别。按照季节分类有：春秋风衣、冬季风衣；按照穿着用途或场合分类有：户外旅行风衣、制服风衣、商务风衣、休闲风衣；按照设计风格分类有：经典风衣、时尚风衣等。

　　现代风衣经过了百年的流变，款式造型上基本保留了两种形式，一种是基于军服款式的风雨衣（Trench Coat），一种是更加简化的类似于便装夹克的风雨衣（Windbreaker）（图9-19、图9-20）。

2. 风衣的设计要点

（1）基本廓型与结构：风衣的
廓型通常采用宽松的 H 型或半宽松
的 T 型造型；合身的 X 型、A 型或
半合身的 T 型。传统军服式风雨衣的
基本款式为长度盖过膝盖、前门襟十
粒双排扣、插肩袖、肩襻、腰带，经
过百年时尚变迁，现代风衣款式不仅
有了男女之别，长短之分，并发展
为束腰式、直筒式、连帽式等形制，
领、袖、口袋以及衣身的分割线也简
繁不一，风格各异（图 9-21）。

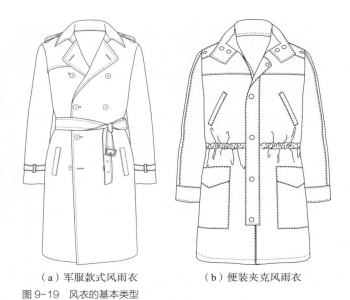

（a）军服款式风雨衣　　　　（b）便装夹克风雨衣

图 9-19　风衣的基本类型

图 9-20　现代风衣款式

图 9-21　风衣的廓型结构

　　商务风衣款式结构设计较军服式风衣简单，基本廓型为 H 型、T 型，长度在臀围线与膝盖之间变化，款式上借鉴了西服的领型、袖型，弱化或省略了肩襻、育克、腰带的细节设计，多单排扣设计。休闲风衣的款式设计更加自由多变，各种宽松、合体造型运用自如，结构上较明显地加入了运动装的细节设计，如连帽领、拉链、抽绳、曲线分割等，传统的防风避雨的功能被弱化，融入更多时尚设计元素。

　　（2）面料：20 世纪初最早的风衣使用的面料是经过处理的纱线织造的不易撕裂、防水且透气的面料——华达呢。传统经典型风衣常常使用防水的重型纺织棉布、府绸、华达呢或皮革作为主要面料。现代风衣多采用国际风行的高科技面料，如以棉为主的混织面料，或者是经过处理的具有光泽的面料，既有棉的舒适性，又轻巧舒适，便于洗涤。随着涂层技术的创新应用，在风衣面料的织造过程中又加入了最新的科研成果与工艺手法。例如，在织物纤维的表面覆盖一层无色透明的薄膜，封闭面料纱线之间的空隙，具有理想的防风雨效果，又增加了面料的柔软性和舒适性。

　　（3）色彩图案：由于风衣最初是作为军用服装出现的，所以传统的风衣主体色彩以卡其绿为基调，以藏青、蓝、灰色、米色、咖啡色为主，并配以杏色、蓝色、酒红色混合的格纹、条纹图案作为里料。时尚风衣的色彩有了多样性的选择，以明快的中浅色为主，逐渐出现了更多色系，如大红、紫红、海蓝色等，衬料的纹样也倾向于使用具有趣味性的图案（图 9-22）。

　　（4）装饰细节：风衣的装饰细节主要体现在其军服化的零部件上。军服中的肩章、育克、腰带、袖襻等部件在原先都是具有功能性用途的，随着时间的推移和时尚风潮的转变，这些部件的特定功能都被简化或弱化，变为服装上纯粹的装饰细节，也成为风衣最具特色的标志（图9-23、图 9-24）。

图 9-22　风衣的色彩设计

图 9-23　风衣的细节设计 1

图 9-24　风衣的细节设计 2

六、防寒服

1. 防寒服的类型与特征

防寒服也就是通常讲的棉衣，是冬季男装的主要产品之一，以御寒保暖为主要功能。棉衣的设计大多围绕其防寒保暖的功能性展开，主要通过使用绗棉或填充丝棉、羽绒等材料，在织物中形成静止空气层，防止人体热量散失，使人感到温暖。依据消费需求、产品风格等特点可以将防寒服进一步细分，按照样式风格分类有：户外样式、军装样式、工装样式等；按照款式特点分类有：夹克式、大衣式、衬衫式等；按照填充材料分类有：棉衣、羽绒服；按照穿着场合与设计风格分类有：经典型、商务型、休闲型等。

2. 防寒服的设计要点

（1）基本廓型与结构：防寒服的基本结构为面、里和夹层的设计，款式长度有在臀围线附近的中庸长度，有在大腿中部的中长款，还有及腰的短款棉衣，此外，还有长度在膝盖以下或到脚踝处的长款棉衣，通常称为棉大衣。考虑到防寒服是秋冬季穿在最外层的外套，并且有一定的厚度，所以廓型上多以合体或略宽松的 H 型、T 型、O 型为主，根据实用功能和款式风格的需要，采用各种类型的口袋设计和分割线设计；根据防寒保暖需要，使用立翻领叠门襟加拉链设计，以及袖口、下摆处的罗纹设计，整体设计简洁大方。有些防寒服还采用可脱卸式结构，使面料和填充内胆灵活组合（图 9-25、图 9-26）。

（2）面料：棉衣的面料选择较灵活，可以根据款式、风格、服用目的的不同，使用各种天然纤维面料与合成纤维面料、纯纺面料与混纺面料等。羽绒服的面料应具有防绒、防风、透气性能。其中防绒性能的好坏取决于面料纱支的密度，目前市场上主要的羽绒服面料为高密度涂层面料，如尼龙塔夫绸和 TC 布等。由于防寒服内里采用填充材料，所以面料的选择多以轻薄型为主。

图 9-25　防寒服的廓型结构 1

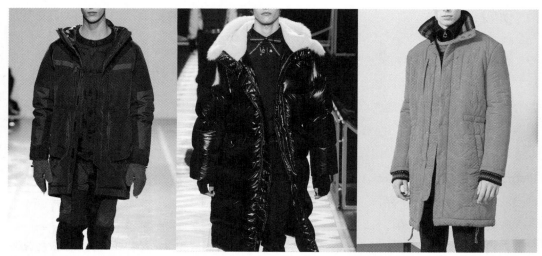

图 9-26 防寒服的廓型结构 2

除了面料外，防寒服的填充材料也非常重要。除了传统的棉花、丝棉、羽绒等材料，新型的无胶棉、仿丝棉等材料具有保暖性好、回弹力强、蓬松感好、耐洗、耐磨、柔软、轻便、廉价等优点，成为现代男士防寒服的常用材料。

（3）色彩图案：传统商务型棉服的色彩多采用藏青、棕色、军绿、米色等深浅不一的色调，或者使用经典的无彩色系等，多以纯色为主，以体现男子沉稳、精干、老练的性格特点。休闲类防寒服特别是运动风格的棉服、羽绒服，常常会使用糖果色、荧光色等鲜艳色调，或使用色彩拼接手法，还会使用一些时尚的条格纹图案、字母图案、涂鸦图案、动物花卉图案等，为萧瑟的冬季增添一抹亮丽的色彩（图 9-27）。

（4）装饰细节：防寒服的细节设计通常是功能性和装饰性合二为一的。例如，绗缝线的运用，一方面可以用来分隔和固定填充材料；另一方面也为大面积衣片增添了丰富的线造型设计。除此之外，口袋、拉链、罗纹口、风帽、肩章、袖襻、纽扣、连接件等细节设计，在满足男士防寒外套功能性需求的同时，也体现出各种不同的服装装饰风格。

图 9-27 防寒服色彩图案设计

七、裤装

1. 裤装的类型与特征

现代男裤的种类比较多，根据使用材料、穿着季节、设计风格的不同，可以有多种款式变化。例如，从长短上分类有长裤、中裤、短裤以及各种长度的裤子；从腰线穿着高度可分为高腰裤、低腰裤和中腰裤；从功能上分有马裤、滑雪裤、运动裤、睡裤等；按照材料分有牛仔裤、皮裤、毛料裤、毛线裤等；按照板型和款式分有直筒裤、喇叭裤、铅笔裤、灯笼裤、萝卜裤、阔腿裤等；还有生活中人们最常穿用的西裤、休闲裤和牛仔裤等（图9-28~图9-30）。

2. 裤子的设计要点

（1）基本廓型与结构：男裤的廓型可采用 H 型（直筒型）、A 型（喇叭形）、V 型（锥形），以及各种组合型。男裤的结构随裤型的变化而定，裤型的变化受到围度和直裆变化的影响，中裆线的位置也随着裤子适体程度而上升或下降。例如，男西裤一般为直筒造型，立裆较高，合身设计，裤腿直线向下，裤

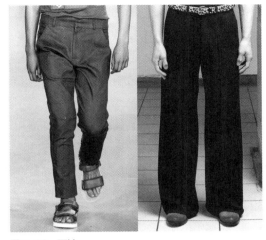

图 9-28　西裤

图 9-29　休闲裤

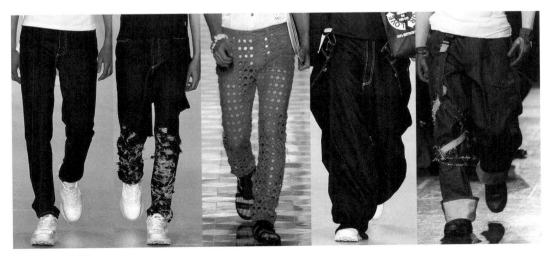

图 9-30　牛仔裤

第九章

男装设计

脚口略微内收，有腰头设计，裤片前后有省道和活褶，两边对称侧斜插袋，臀部有对称的两个嵌线后袋，这是西裤的典型式样。现代西裤设计也受到时尚元素的影响，在裤长和板型上也有体现出休闲裤的某些特征。休闲裤的廓型比较多样，除了基本裤型外，通过在裤片上使用分割线，结合腰围线的高低变化，形成一些时尚新颖的组合造型。男裤的细节设计多集中在腰臀部位，裤腰的宽窄、高低以及育克设计上，口袋体现在形式和位置的安排上，褶裥的有无、多少的变化以及裤脚口的形态、折边的宽窄，都可以根据时尚变化进行创意设计（图9-31）。

图9-31　西裤裤口设计

（2）面料：普通型男裤大多采用具有较好可塑性和保型性的面料，高档西裤常使用品质极好的纯毛或混纺面料，而化纤面料的优势则是易洗快干、不易变形。适体、舒适的裤子面料使用范围广，各种针织、机织类的棉、毛、丝、麻面料均可使用。弹性纤维的应用使裤子的面料品种更加丰富，面料性质的变化也使裤子的造型发生了变化，结构设计更加简化。

西裤面料一般与西服上装一致，要求面料平挺爽滑，柔软坚牢。夏季裤料要轻薄透气，悬垂感强；冬季面料要求吸湿耐磨，保暖透气。休闲裤常采用天然纤维面料、化纤面料以及混纺或交织面料，如卡其布、灯芯绒、毛圈布、牛仔布等，面料类型比较多样，还常常利用不同质地的面料进行拼接设计，以获得丰富的设计效果。运动裤面料比较注重弹性、透气性和排汗能力以及防风、防水功能。工装裤面料需要具有抗氧化、防辐射、防静电、防紫外线等功能性。

（3）色彩图案：西裤的色彩一般要求与西服上装的颜色一致，色彩较为保守。休闲裤的色彩设计较自由，秋冬季常使用沉稳的深色调，如黑色、藏青、深棕、咖啡色等，夏季可以采用一些淡雅的颜色，如纯白、象牙色和色相各异的浅灰色等。隐条隐格是男士裤装面料较经典的纹样，可用于传统西裤也可用于休闲类裤子，区别在于色彩的变化和纹样大小的区别。牛仔裤的色彩以深靛蓝为主，还有黑色、棕色和彩色等，还可以通过酵素、石磨、喷砂、漂色、猫须、套色、雪花洗等后整理工艺，形成生动的布面效果。

（4）装饰细节：休闲裤常运用分割设计、多口袋设计、缉线设计，还常常使用拉链、抽绳、铆钉、纽扣、金属链、珠片、水钻等辅料进行装饰，或使用刺绣、印染、镶拼、褶裥等工艺手法进行装饰（图9-32）。

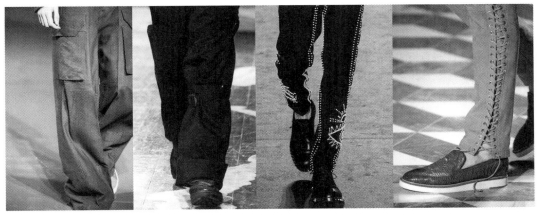

图 9-32 裤子的装饰细节

第三节 市场品牌男装设计案例分析

一、"VARPUM（范佰）"品牌背景

　　VARPUM（范佰）男装创立于 2011 年，是江阴申港福斯特纺织有限公司下属的江苏范佰男装有限公司出品的高端男装品牌。福斯特是以生产衬衫面料和定制职业装起步的，在男装的面辅料选择、款式板型设计、工艺制作等方面具有传统优势，随着企业的发展，越来越重视品牌的力量，它们的服装品牌在中国和意大利经过注册，并与 POLO、阿玛尼、杰尼亚、巴宝莉等品牌有合作关系。

二、品牌信息

　　（1）中文名：范佰。

　　（2）英文名：VARPUM（图 9-33）。

图 9-33 品牌 LOGO

　　（3）主题理念：演绎精致，成就品位。

　　（4）释义：精致，是范佰男装的灵魂。范佰男装是给有品位的男士提供的精致选择，我们用精心来演绎"精致"，来成就高雅品位。

　　（5）产品体系：男士西服、衬衫、休闲服、其他配饰。

三、品牌定位

VARPUM 一直努力深化"生活美学"概念，极力推崇简约、优雅而不张扬的产品风格。随着时代的发展，VARPUM 品牌的设计风格也更多地注入了时代感元素，而在细节上更注重浓厚的法式优雅味道的色调元素，以及适合中国穿着的设计与裁剪风格。处处诠释着法式优雅、意式性感，从而使穿着者有着美的感悟，优雅的体验。

30~50 岁的男士，不单只有粗犷的形象，对家庭、对朋友、对爱人，他们都怀有一份隐约的感动。对于穿着的服饰，让他们感动的也许就是那一份精致与细节，这同时是 VARPUM 品牌带给所有男士的感动，一份来自于服饰中的气质、精致与细节的另类感动。

四、高级定制

VARPUM 每年为各种极重视穿着品位和个性的男士，精心研制名贵高雅，卓尔不群的顶级正装，意大利手工缝制工艺的制作精髓，为顾客带上典雅、超凡、荣耀的尊贵感受，一件精心打磨的定制西服，穿在身上，既能与身材、肤色合理搭配，又能与人的气质、身份高度吻合，完美尺寸产生的视觉冲击力，是对意大利服饰艺术的精妙诠释，人衣合一的舒适体验，往往又令自信与尊贵充分彰显。

品牌的金字招牌，往往起源于专业的工厂和强大的技术力量，定制一套 VARPUM 西服，不仅由世界著名设计师提供独家设计，专业员工全手工缝制，还要根据实际需要不断进行细节调整，领子、前胸、口袋的弧形……每一个细节都体现品质的灵魂，三百多道工序精工细作，一丝不苟，保证了每一款产品都精致无暇，意大利世界顶级面料，带来普通西装无法企及的体贴和舒适。

将奢华融于优雅，VARPUM 高级定制所要传播的是这样一种理念：一件只属于你的衣服，可以保持时尚，保持品位的衣服，从这一刻起，所设计的衣服不再是一件没有生命的东西，而是与你的生命有了联系。从某种意义上来说，或许这才是时尚的真谛。

五、主题设计（图9-34~图9-36）

VARPUM2014 秋冬成衣　灵感来源　色彩提示

图 9-34　VARPUM2014 秋冬成衣设计 1

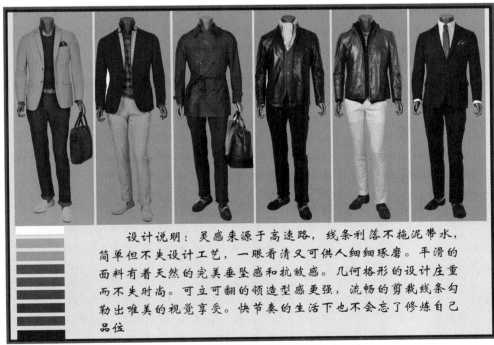

VARPUM2014 秋冬成衣　设计说明　款式系列

图 9-35　VARPUM2014 秋冬成衣设计 2

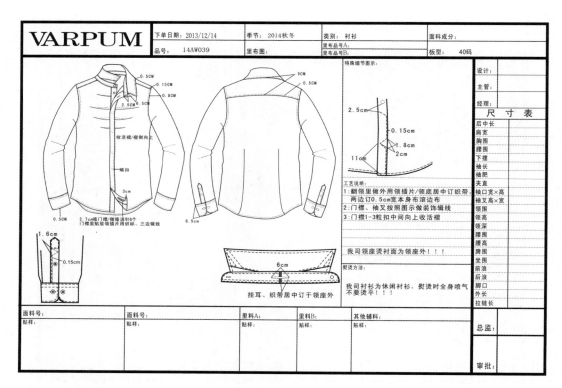

VARPUM2014 秋冬成衣　单品设计　工艺说明

图 9-36　VARPUM2014 秋冬成衣设计 3

第十章

童装设计

- 童装设计概述
- 童装分类设计
- 市场品牌童装设计案例分析

第一节　童装设计概述

一、童装设计原则

1. 功能性设计

功能性设计是童装设计的首要任务，包括安全性、卫生性、防护性等方面的功能设计。儿童的个体特征决定了满足生理需求是童装设计的基点。例如，婴儿阶段，自体的生理功能还未完全发育好，体温调节、皮肤代谢、排泄系统等方面需要特殊护理，所以此阶段童装设计主要特点是款式简单穿脱方便、少装饰少辅料，面料柔软舒适，吸湿透气性好。幼儿阶段，儿童活动量增大，慢慢学会走路跑跳，所以款式设计上品种变多，装饰也较婴儿时丰富。面料方面注重耐磨耐脏、易洗快干的功能，在天然纤维面料的基础上可以适当增加化纤面料的运用。到了学龄期，男童和女童不仅在服装的号型方面有明显的区别，还要体现出性别差异的特点。所以不同类型童装设计在功能性设计方面的侧重点也是不同的。

2. 趣味性设计

童装中的趣味性设计元素是体现儿童童真、童趣性格特点的重要手法。趣味性特征在童装设计中是物态的、外在的、可视的，包括造型美、色彩美、材料肌理美、细节装饰美。主要是通过一些服装外轮廓设计、零部件设计、色彩图案设计等方法，使童趣得以在服装上表现出来。让孩子们通过着装表现儿童活泼的天性，并且直观触发儿童视觉心理和审美情趣。此外，仿生设计也是童装设计的重要手法，通过对动植物等生物造型肌理的模仿，不仅构思独特，具有很强的装饰性和趣味性，而且还有助于儿童走进科学，亲近大自然。

3. 阶段性设计

阶段性特征是童装设计区别于成人装设计的一个最重要的特点，其本质就是童装的分阶段细化设计。由于儿童的生长发育变化较成年人明显，不同年龄段的儿童，除身高、体重存在明显差异外，在活动范围、自控能力、心理变化等诸多方面也存在明显差异。对应儿童不同的成长期，童装设计应依据儿童年龄段、生长发育特征进行结构设计、款式风格定位和面料运用。所以，童装成衣市场的产品结构通常按消费群体细分，以年龄、身高和胸围作为服装规格变量的参考。例如新生儿（52/40）、3个月（59/44）、6个月（66/44）、12个月（73/48）、18个月（80/48）、24个月（90/52）、36个月（100/52）、4~5岁（110cm）、5~6岁（120cm）等规格。

以表10-1~表10-8为不同童装号型系列。

表 10-1　身高 52~80cm 婴儿上装号型系列　　　　　　　　　　　单位：cm

号	型		
52	40		
59	40	44	
66	40	44	48
73		44	48
80			48

表 10-2　身高 52~80cm 婴儿下装号型系列　　　　　　　　　　　单位：cm

号	型		
52	41		
59	41	44	
66	41	44	47
73		44	47
80			47

表 10-3　身高 80~130cm 儿童上装号型系列　　　　　　　　　　　单位：cm

号	型				
80	48				
90	48	52	56		
100	48	52	56		
110		52	56		
120		52	56	60	
130			56	60	64

表 10-4　身高 80~130cm 儿童下装号型系列　　　　　　　　　　　单位：cm

号	型				
80	47				
90	47	50	53		
100	47	50	53		
110		50	53		
120		50	53	56	
130			53	56	59

表 10-5　身高 135~160cm 男童上装号型系列　　　　　　　　　　　单位：cm

号	型				
135	60	64	68		
140	60	64	68		
145		64	68	72	
150		64	68	72	
155			68	72	76
160				72	76	80

表 10–6　身高 135~160cm 男童下装号型系列　　　　　　　　　　　　　　　　单位：cm

号	型					
135	54	57	60			
140	54	57	60			
145		57	60	63		
150		57	60	63		
155			60	63	66	
160				63	66	69

表 10–7　身高 135~155cm 女童上装号型系列　　　　　　　　　　　　　　　　单位：cm

号	型				
135	56	60	64		
140		60	64		
145			64	68	
150			64	68	72
155				68	72	76

表 10–8　身高 135~155cm 女童下装号型系列　　　　　　　　　　　　　　　　单位：cm

号	型				
135	49	52	55		
140		52	55		
145			55	58	
150			55	58	61
155				58	61	64

4. 文化性设计

童装是流行文化的物质载体，与早期审美教育兼容，并伴随儿童快乐成长。流行文化给童装设计注入了新鲜的活力，它以不同的元素语言存在于各个年龄段童装款式结构及细节表述中。流行文化以其时尚的内容对童装风格特征、品牌形象、市场销售及儿童成长心理产生一定的影响。譬如，《米老鼠和唐老鸭》是一部经典喜剧动画片，米老鼠成为标志性的"卡通"形象代表，为人所津津乐道，其衍生的童装品牌"米奇妙"即是以卡通人物为设计主题的童装。其设计构思围绕机智、活泼的米奇展开，产品具有叙事性和连贯性，一个个鲜活生动的卡通形象征服了全世界的儿童。米奇妙童装的色彩结构颇具代表性：红、黄、蓝为主色调，结合每年的流行色，以时尚为主导，给儿童服饰文化带来清新活泼的气息、调皮欢快的情调，同时也满足了儿童对大自然的好奇心。米奇妙的成功，启示童装不再只是一种商品，而是一种观念、一种境界，是传达对儿童的关爱和呵护，是一种流行服饰文化的传递。

二、儿童成长阶段生理、心理特征与服装设计要点

童装可以分为婴儿装、幼儿装、小童装、中童装和大童装。

1. 婴儿装

从出生到周岁之内为婴儿期，这是儿童身体发育最显著的时期。婴儿的体征是头大身体小，身高约为 4 个头长，腿短且向内侧呈弧度弯曲，其头围与胸围接近，肩宽与臀围的一半接近。婴儿不会行走，大部分时间在床上或大人怀中度过，对事物好奇而缺少辨别能力，而且大小便不定时且次数频繁。婴儿服装总的要求是：款式要简洁宽松，易脱易穿；面料以吸湿性强、透气性好的天然纤维为宜，如柔软的棉织物等，不能用硬质辅料，以免损伤皮肤。不能有太多扣襻等装饰，以免误食。婴儿装色彩一般以浅色、柔和的暖色调为主，可以适当装饰一些绣花图案。

2. 幼儿装

1~3 岁为幼儿期。这个时期的孩子体重和身高都在迅速发展，体型特点是头部大，身高约为头长的 4~4.5 倍，脖子短而粗，四肢短胖，肚子圆滚，身体前挺。男女幼儿基本没有大的形体差别。这个时期也是心理发育的启蒙时期，因此，要适当加入服装品种上的男女倾向。由于幼儿对自己行为的控制能力较差，设计时要考虑安全和卫生功能。幼儿服装总的要求是：造型宽松活泼，基本没有省道处理。幼儿女装外轮廓多用 A 型，如连身裙、小外套、小罩衫等。幼儿男装外轮廓多用 H 型或 O 型，如 T 恤衫、灯笼裤等。局部可采用动物或文字等刺绣图案，配以滚边、镶嵌、抽褶等装饰，但要注意清爽悦目，不可过滥。色彩以鲜艳色调或耐脏色调为宜。面料要耐磨耐穿、易于洗涤，可采用全棉的针织布或灯芯绒，也可选用柔软易洗的化纤面料。

3. 小童装

4~6 岁儿童正处于学龄前期，俗称小童期。小童期形体的特点是挺腰、凸肚、肩窄、四肢短，胸、腰、臀部位的围度尺寸差距不大。身体高度增长较快，而围度增长较慢，四岁以后身长已有 5~6 个头高。小童服装造型与幼儿服装造型比较相似，造型也比较宽松活泼，常使用 H 型、A 型或 O 型，小童女装如连身裙、外套等有时也使用 X 型。连身裙、吊带裙、背心裙、裤，裤也是小童服装的常用造型。这个年龄段的儿童因为有了一定的自理能力，所以在服装结构处理和装饰处理上可以有多种变化组合。为适应小童期儿童的心理，在服装上经常使用一些趣味性、知识性的图案，多以卡通形象出现，体现天真的童趣性。除此之外，还要注意性别差异在男女童装上的体现。小童装的色彩多使用一些高明度的鲜艳色，另少量加入无彩色系进行搭配。面料以纯棉起绒针织布、纯棉布、灯芯绒布以及混纺涤棉布居多。

4. 中童装

7~12 岁为中童期，也称小学生阶段。此时期的儿童生长速度减缓，形体变得匀称起来，凸肚现象逐渐消失，手脚增大，身高为头长的 6~6.5 倍，腰身显露，臂腿变长。男女形体的差异也日益明显，女孩子在这个时期开始出现胸围与腰围差。中童服装总的造型以宽松为主，可以

考虑体型因素而收省道。款式设计不宜过于烦琐、华丽，以免影响上课注意力，设计既要适应时代需要，但也不要过于赶潮流。设计男女儿童服装时不能拿儿童体型的共性去考虑，而是有所区别。女童服装可采用 X 型、H 型、A 型等外轮廓造型，男童装外形可以 O 型、H 型为主。此阶段儿童的服装款式相对简洁大方，便于活动，针织 T 恤衫、背心裙、夹克、运动衫、组合搭配套装都极为适宜。同时，学生服或校服也是该阶段儿童在校的主要服装。中童服装的色彩不宜过分鲜艳，可以强调对比关系，但对比不宜太强烈，在图案装饰上一般使用小型花卉图案，不烦琐夸张。面料使用范围较广，天然纤维和化学纤维面料织物均可使用。

5. 大童装

13~17 岁的中学生时期为大童期，又称少年期，这是少年身体和精神发育成长明显的阶段，也是少年逐渐向青春期转变的时期。这个时期的体型变化很快，身头比例大约为 7∶1，性别特征明显，差距拉大。少女装在廓型上可以有 H 型、X 型等近似成人的轮廓造型。少女时期选择中腰 X 型的造型能体现娟秀的身姿，上身适体而略显腰身，下裙展开，这类款式具有利落、活泼的特点。男学童在心理上希望具有男子气概，日常运动和游戏的范围也越来越广泛。因此，男学童的服装通常由 T 恤衫加衬衫、西式长裤、短裤或牛仔裤组合而成，或者牛仔裤与针织衫配穿、牛仔裤与印花衬衫配穿，感觉比较时尚，此外，运动上装配宽松长裤也很受青睐。大童服装图案装饰大大减少，局部造型以简洁为宜，可以适当增添不同用途的服装。款式上要避免过于幼稚也要避免太过成人化，因此设计师要充分观察掌握少年儿童的生理和心理变化特征，掌握他们的衣着审美需求。大童服装的色彩不再那么艳丽，以常用色调为宜，男女大童的服装色彩性别差异也比较明显，女大童装经常采用一些柔和的粉色调，如浅粉色、粉紫色、嫩黄色等，或使用一些花色面料。大童服装可选用的面料很多，根据服装种类来选择面辅料，例如，居家服以天然纤维面料为主，如丝、棉等，外出服或校服的面料更多采用化纤针织面料。此外，牛仔面料也是这一时期儿童服装的主要面料。

第二节　童装分类设计

儿童日常装是儿童日常生活穿用的服装，按照季节区别和设计惯例，儿童日常装通常包括：裙装、裤装、衬衫、T 恤、夹克、棉服（羽绒服、夹棉外套）、大衣、马甲、卫衣、休闲西服、连身衣、罩衣、抱被、睡袋、披风、围嘴等品种。

一、裙装

裙装是女童春夏季最普遍的服装品种之一。裙装按是否上下装连在一起可分为连身裙和半身裙、背心裙；按长短可分为长裙、中长裙、短裙和超短裙。裙装是各个年龄层儿童都适合穿用的款式。

1. 连身裙

根据腰节有无横向分割线的特点，将连身裙分为连腰式和断腰式两种。断腰式连身裙按腰节线的高低又可分为高腰裙、中腰裙和低腰裙。一般年龄偏小的儿童和体型偏胖的儿童比较适合无腰节裙和高腰节裙，而且通常选用下摆张开的 A 型裙，裙片还可以使用各种褶裥的设计，腰部宽松舒适且能遮挡住腹部，还能体现低龄儿童活泼可爱的特点。年龄偏大的女孩则适合穿有腰节的裙子，通常会在腰部配以褶裥或省道处理。到了少女时期，背长加长，胸部凸起，腰围变细，开始适合穿着带有公主线的裙子，这样会显出腰身，显得修长、优雅；低腰节裙适用面比较宽，腰、腹部有一定余量，穿着时间较长（图 10-1）。

2. 半身裙

半身裙按长短分有：长裙、中长裙、短裙和超短裙之分；按外形分有：直筒裙、喇叭裙、

图 10-1　童装连身裙款式设计

灯笼裙、A字裙、圆台裙等；按结构分有：两片裙、三片裙、四片裙、八片裙等；按工艺分有：百褶裙、对褶裙、波浪裙、绣花裙等；按是否绱腰分有：连腰裙、无腰裙；按腰节高低分有：高腰裙、中腰裙、低腰裙。

裙装面料一般选用棉织物、棉混纺织物、化纤混纺织物、毛混纺织物以及针织织物等。春夏季裙装使用悬垂性较好的薄型面料；秋冬季则使用略厚型面料。还可使用异料镶拼、蕾丝花边、印花镶钻等装饰工艺，设计方法灵活多样（图10-2、图10-3）。

图10-2　童装半身裙款式设计1

图10-3　童装半身裙款式设计2

二、裤装

裤装品种按长短可分为长裤、九分裤、七分裤、中裤、短裤；按外形可分为直筒裤、喇叭裤、萝卜裤、灯笼裤、背带裤等。儿童裤装款式设计一定要注意结构的牢固性和活动的宽松度，鉴于儿童喜欢爬、坐的特点，经常会在臀部、膝盖部使用拼接设计，腰、腹部有足够的余量可以使儿童自由地跳跃翻滚，腰部多使用扁平松紧带。儿童裤装面料一般采用全棉织物、棉混纺织物和化纤混纺织物等，如弹力呢、莱卡棉、灯芯绒、牛仔布等。春夏季裤装选用薄型面料，秋冬季选用厚型面料，与上衣、衬衫、T 恤衫、外套搭配（图 10-4、图 10-5）。

图 10-4　童装裤子款式设计 1

图 10-5 童装裤子款式设计 2

三、衬衫

衬衫是儿童春夏季常用的上衣品种之一，可与裙子或裤子配穿。衬衫品种有长袖衬衫、中袖衬衫、短袖衬衫和无袖衬衫等。基本款式为开衫，领子有衬衫领、立领、花边领、海军领、波浪领等各种领型。男童衬衫多为直身廓型，翻领设计，款式简洁；女童衬衫可适当添加分割线，在领型、袖型设计上变化较多。儿童衬衫常采用棉织物、棉混纺织物、丝织物和丝混纺织物等面料，男童衬衫面料以纯色、条纹居多，女童衬衫面料以各种小碎花和淡雅的单色面料居多（图10-6）。

图10-6　童装衬衫款式设计

四、T恤衫

T恤衫是儿童春夏常用的上衣品种之一，可与裤子或裙子搭配穿着，可分为长袖、中袖和短袖等，大多使用圆领、翻领和V领。儿童T恤衫主要使用全棉针织物和丝混纺针织物等。儿童T恤衫经常使用印花、贴布绣、珠绣等装饰手法，图案包括字母数字、花卉纹样、动物纹样等，色彩多为浅粉色、高亮色以及少量无彩色（图10-7）。

五、夹克

夹克是男女儿童均可穿着的短上衣。其基本款式特点为：外部造型为衣身膨鼓，衣长在腰部或臀部位置，下摆和袖口有收紧设计。常使用翻领、立领、连帽领等；前门襟有拉链式、按扣式、搭门式；还经常使用缉线设计。根据季节和厚薄程度可将夹克分为单夹克、衬里双层夹克和绗缝棉夹克、皮夹克等。面料可采用斜纹布、牛仔布、经过水洗磨毛整理的织物及皮革面料，锦纶等化纤面料以及涂层面料。年龄偏小的儿童夹克以各种棉质面料为主（图10-8）。

图 10-7　童装 T 恤衫设计

图 10-8　童装夹克款式设计

六、棉服

　　棉服是儿童秋冬季常用的日常休闲服装，品种包括羽绒服和夹棉外套等。其特点是服装内里使用绗棉或填充丝棉、羽绒等材料，具有很好的防寒保暖作用。

　　款式上以宽松型为主，腰部和手臂处余量较大，以方便儿童在里面穿其他的服装或者便于活动；袖口、脚口和底摆多使用绳带、罗纹、搭扣等收紧式设计以防风防雪。儿童连体式棉服设计时还要考虑腰部、肘部和膝盖处有足够的活动量。面料一般采用具有防水、防风、保温性好但又能透气的材料，如锦纶织物等面料。儿童棉服一般还配有帽子、手套、围巾等服饰配件（图 10-9）。

图 10-9　童装棉服款式设计

七、大衣

　　大衣是儿童防风防寒的服装，从幼儿起一直到少年，是秋冬季外出必备的服装之一。衣长大多在膝盖上下，也有某些短款大衣；造型大多使用上宽下窄的 A 型和直身式的 H 型，有时也会有造型独特的设计；结构上有断开式和连身式；大衣的袖窿相对深一些，插肩袖、装袖和连身袖都可使用。儿童大衣的面料可采用毛纺织物、混纺织物、防水锦纶织物和棉织物、细薄的精纺织物、厚实的粗纺织物以及硬挺的牛仔面料等（图 10-10）。

图 10-10　童装大衣款式设计

八、马甲

马甲是一种无领无袖的上衣，儿童马甲造型简单，款式变化小，实用性强。马甲有单马甲、带夹里马甲和棉马甲之分，对于低龄儿童特别是婴幼儿，马甲的主要功能是防寒保暖，可外穿、可打底穿着，面料以纯棉织物为主。色彩根据季节变化采用柔和的浅色调或耐脏的深色调，并装饰有小面积的花卉、动物纹样，多使用滚边工艺。大童装中的马甲常借鉴成人装款式特点，设计较多样，穿在身上给人一种小大人的感觉（图 10-11）。

图 10-11　童装马甲款式设计

九、卫衣

卫衣是一种比较厚的长袖针织运动休闲衫，面料常采用针织毛圈布或起绒织物面料，一般比普通的长袖服装面料要厚，衣服的下摆和袖口束紧，通常使用相同的针织罗纹面料。卫衣能兼顾时尚性与功能性，融合舒适与时尚，成了各年龄段儿童运动休闲的常备服装。卫衣有套头式设计和普通开门襟式设计，通常较宽松，有连衣风帽设计，腹部位置多有两个浅斜口袋，可以是大贴袋、暗袋或插袋，袖子经常使用插肩袖。儿童卫衣在前胸还有各种类型的图案设计（图 10-12）。

十、休闲西装

休闲西装是儿童日常穿着的小外套，款式结合了西装和休闲装的设计要素，面料经常选用全棉、棉混纺、牛仔、皮革或其他较为休闲时尚的面料，口袋类别没有太大限制，经常使用贴袋，也使用插袋和挖袋，有时使用明缉线，底摆可以是圆摆或直摆，衣长到臀部或者腰部，图案和制作工艺可以比较夸张随意（图 10-13）。

图 10-12　童装卫衣款式设计

图 10-13　儿童休闲西装款式设计

十一、风衣

风衣是秋冬季节比较常见的外套款式。风衣比较注重剪裁，款式基本上可分为两大类：一类为直身裁剪的 H 型；另一类为略带下摆的 A 型。风衣的门襟设计可使用单排扣或双排扣，也可使用拉链设计，肩部有育克、过肩或披肩结构，穿着时腰部经常搭配腰带使用。风衣的面料选用较广泛，低龄儿童的风衣经常使用全棉或棉混纺面料（图 10-14）。

图 10-14　儿童风衣款式设计

十二、连身衣

连身衣俗称"爬爬装""哈衣"，是婴幼儿期特别是婴儿期的主要着装，有其年龄段需求的特殊性。连身衣基本款式为衣、裤连在一起，有长袖、短袖和类似背心式的无袖款型。长袖连身衣较多使用插肩袖和连身袖，使婴儿肩部有足够的活动量，领子常用圆领、V 领或连帽领；下半身为短裤或长裤设计，腰、腹部有足够的放松量，便于穿脱和活动。前开襟且一直开到裆底，也有在裆底横开的款式，使用拉链或纽扣闭合，裤裆低且肥，以便放尿布，有时也使用后开襟，无袖连身衣有时不开襟，而是在双侧肩部使用肩扣。连身衣裤可使婴儿活动时不会露出肚子而着凉。面料主要采用全棉针织物和弹力织物，秋冬季连身衣可在领口、袖口及脚口处使用针织罗纹，脚部还经常连接脚套（图 10-15）。

图 10-15　连身衣

十三、抱被

抱被是专为婴儿设计的一种特殊服装。抱被基本造型为长方形或正方形，通常会在一个角的部位有帽子，中间用布带扎起来，在抱被的背部、帽子中间或其他部位经常会使用漂亮可爱的图案。现在也有很多新颖的多功能的抱被，巧妙地使用拉链和纽扣进行组合设计，既可以做抱被还可以当睡袋，可拆卸可加长，安全方便。抱被有单、棉之分，春夏用单抱被通常使用较薄的面料，秋冬季棉抱被会使用较厚的绒类面料或夹棉面料，均为全棉面料，手感柔软，保暖性好，透气吸汗（图 10-16）。

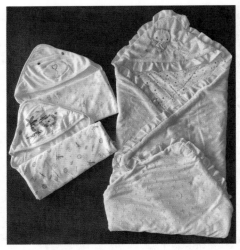

图 10-16　抱被

十四、罩衣

罩衣通常是年龄偏小的儿童在进餐、游戏、手工制作和出行时穿在最外层的服装，目的是为了保护里面衣服的清洁。罩衣的传统样式为后开口系带，穿脱方便，实用性强，罩衣多为长袖，为了里面穿上衣服后不会太紧，肩部常采用插肩袖设计或连身袖设计，前身采用一片式衣片设计或使用分割线，也可以在底摆、袖口使用花边、抽褶装饰，袖口常使用松紧带，领部多为圆领圈，衣服前面通常会有一个或两个造型可爱的口袋设计，面料细腻柔软、吸水性强、耐磨、易清洗，经常会使用活泼可爱的印花面料或者单色面料（图 10-17）。

图 10-17　罩衣

十五、围涎

俗称围嘴或口水兜，是婴幼儿吃饭时防止弄脏衣服而使用的一种特殊服装。围涎通常后面是空的，使用绳带挂在脖子上或系在腰背部，基本没有完整的领子，领围处通常是弧形自然的半圆形设计。也有围涎采用类似围兜、坎肩或罩衣的款式设计。围涎的面料以全棉面料居多，有些直接使用塑料或其他防水面料。许多围涎在底部还有接饭兜的设计，防止掉落的食物残渣遗漏在服装上，方便清洗（图 10-18）。

图 10-18　围涎

十六、校服

儿童校服是指儿童上学穿着的服装，是学校统一规定或专门设计的制服式的常备服装，是学校形象在服装上的表现，包括制服式校服和运动式校服两种。由于学龄期儿童的体型变化较大，所以校服设计根据年龄特点又可分为小学生校服和中学生校服。校服的特点是整齐、严谨、大方，面料常采用棉混纺织物，以耐穿、耐洗、保型性较好、穿着舒适的衣料为宜。非常注重配套设计的整体效果。校服注重配套设计，一套校服一般包括上衣外套、衬衣、裤装或裙装、毛衣、领结或领花、帽子、书包、鞋子、袜子，甚至还有手套，而且还要分季节搭配，分夏季校服、春秋季校服和冬季校服，校服各单品之间风格统一、款式色彩协调，井然有序。

制服式校服可以借鉴西装的款式设计，同时注意学生爱动的特点和着装环境，使其能适应日常各种活动状态。例如，领口不要开得太低，应以稍露衬衣和领饰为宜；领角的设计要圆润、轻快，避免生硬老成，下装腰头设计不要过分夸张，以简洁的中腰为宜，西裤、裙装切忌包臀以免影响活动，女生裙子的长度以齐膝或略到膝上为宜，可搭配褶裥设计。学校的徽标可以放在胸前、袖臂或领角做装饰。色彩以深色调为主，另搭配浅色调或格纹、条纹面料，以体现出沉稳、端庄的特点。而且，校服的设计还要考虑根据季节的变化进行组合设计，学生可以自由搭配、灵活组合，从而使原本变化不多的校服单品通过组合搭配显得层次丰富一些（图10-19、图10-20）。

图10-19　中学制式校服

中学制式校服款式设计
季节性设计
礼仪性设计
安全性设计
标识性设计

LED发光臂带

说明：将LED灯带运用于校服中，在夜晚发出强烈的光亮，起到安全警示作用，更好地保障学生出行安全。

徽章

反光带（红色边）

说明：徽章上方的"1920"表示建校时间；中间的"马"的图案代表校徽；而下方"school"表示学校名称。徽章大色块的选用红蓝色与服装相匹配，在材料上考虑到学生的夜行安全，在徽章上的周边加固上反光带，来保障学生夜行安全。

反光带（学校名及白色边）

图10-20　中学制式校服款式设计

运动式校服多指学生们在校园内进行体育活动时所穿的服装，但是很多学校的日常校服也是运动式，运动式校服款式多样，色彩丰富，但要强调舒适、方便、美观、实用。夏装以纯棉针织面料的短衫、短裤居多；春秋装多以纯棉、运动式长袖套装为主，颜色以蓝、白、红、黑居多，两色组合的运动装较为普遍。有的运动式制服在腰、袖口、下脚口采用松紧形式，以便学生穿脱方便。运动式校服在设计上要注意胸、肩、腰、臀的放松量，要适当加宽背宽和大袖的宽度，减小袖山高度。服装廓型多采用H型或Y型，H型简练大方，服装不但贴体适中而且便于孩子们的伸展活动；Y型别致精巧，在给孩子们一个相当的伸展空间的同时能更进一步展现孩子们朝气蓬勃、活力向上的天性（图10-21、图10-22）。

图 10-21　运动式校服

图 10-22　运动式校服款式设计

第三节　市场品牌童装设计案例分析

一、"J***"品牌背景

　　J*** 品牌童装 2007 年登陆中国市场，凭借上海 ×× 贸易有限公司精湛的设计和生产品质，完美诠释了品牌精髓和理念，深受孩子们的喜爱。至 2012 年，J*** 品牌童装已经在中国一线重点城市的高级百货店中开出了两百多家零售门店。

二、品牌故事

　　汽车文化、电影文化、快餐文化统称为现代的美国三大文化，而 J***® 正是汽车文化中最具代表性的品牌，它集中体现了美国人勇于冒险和坚毅不屈的性格，被视为物化的美国精神的象征。J*** 品牌童装体现的是一种自信、不拘束、敢于冒险而挑战的精神，是未来时尚城市少年所具备的优良品质。

　　有相当一部分购买者来自于喜欢 J*** 品牌的家长们，且已形成自己的款式喜好，但他们仍乐于接受各种时尚文化，甚至会积极地对其进行研究，他们将 J*** 视为能提供各种时尚生活方式并向人们灌输自信的品牌，家长为自己孩子购买服装通常不只是为了关心他们，还为了显示自己的风格和生活方式。

三、品牌定位

　　许多新生代的父母希望孩子在不同的场合选择不同的着装，并且要求服装美观合体，凸显出孩子的不同气质。作为全新诠释儿童生活方式品牌童装，J*** 品牌童装给儿童以及他们的父母带来高品质、高品位的穿着理念。服饰产品充分体现个性化、功能性及自然、舒适、实用的特点。以天然纤维为主要原料的面料，强调个性化色彩，擅长自然色和亮色的混搭运用。款式造型、水洗工艺、格子衬衫、彩条 POLO 衫、多袋衣裤等元素是其设计特点，而舒适度、实用性方面的设计则非常好地契合了儿童活泼好动的天性。J*** 品牌童装适合年龄在 6~15 岁充满好奇探索的城市少年，体现出 "Go Anywhere, Do Anything" 的设计精神，以及勇敢、探索、健康的价值取向。

四、主题设计（图 10-23~图 10-26）

SPRING SUMMER
2014

BOY American Classic

系列说明：
以红蓝白为主体，穿插麻灰色，燕麦色，以变形美国国旗元素为图案主体，多拼接手法等，是经典的美国风

图 10-23　J*** 2014 春夏男童装系列、灵感来源、设计说明

图 10-24　J*** 2014 春夏男童装系列、成衣款式、色彩提示

图 10-25　J*** 2014 春夏女童装系列、灵感来源、设计说明

图 10-26　J*** 2014 春夏女童装系列、成衣款式、色彩提示

第十一章

针织服装设计

- 针织服装概述
- 成型类针织服装设计
- 裁剪类针织服装设计

第一节　针织服装概述

一、针织服装的概念

针织服装是以针织面料制作而成，或者用针织方法直接编织而成的服装。针织服装以其柔软、舒适、贴体、透气等优良性能形成独特风格，穿着场合广泛，是近些年来发展迅速的服装品种。

二、针织服装的分类

针织服装根据面料的织造特点不同，分为经编和纬编两大类。经编类面料具有结构紧密、挺括、延伸性小、不易脱散、不易变形的特点；纬编类面料具有手感柔软、弹性好、延伸性大、穿着舒适的特点。根据成衣制作工艺可分为裁片类针织服装、成型类针织服装、手工编织类针织服装。

由于针织服装的花色品种繁多，类别广泛，很难以单一的形式进行分类。按照行业惯例，可以有以下几种分类方法。

针织服装按照原料成分分类，有纯毛类织物、混纺纯毛织物、毛与化纤混纺交织织物、纯化纤织物以及化纤混纺织物。

针织服装按照织物组织结构分类，有平针、罗纹、四平针、四平空转、双罗纹、双反面、提花、毛圈、长毛绒以及各类复合组织等。

针织服装按照产品款式分类，有针织开衫、针织套衫、针织背心、针织裤、针织背心、针织套装、毛针织时装以及各类外衣、针织配件等产品。

针织服装按照用途分，有针织内衣、中衣和外衣。内衣贴身穿着，起保护、保暖、整形的作用。中衣位于内衣和外衣之间，起保暖护体的作用，也可作为家居服穿用。外衣品种较多，主要有日常服、工作服、运动服、休闲服等。

针织服装按照编织机分类，有横机、圆机，其中横机主要有普通横机、花色横机、双反面机、柯登机等；圆机主要有单针筒圆机、双针筒圆机以及提花圆机等。

三、针织服装的特点及发展趋势

1. 针织面料的特性及对服装的影响

针织服装由于采用针织面料，针织面料是由线圈相互串套形成的一种织物，这种织物结构使针织服装具有穿着柔软、舒适、富有弹性、便于活动、适体性较好等诸多优点。针织面料的性能对服装的款式造型设计、结构设计以及缝制工艺设计等产生很大的影响，从而使针织服装的设计、生产与机织面料服装既有相同之处，也存在一些差异。针织服装的设计和制作过程不能完全照搬机织面料服装，否则不但达不到设计效果，相反还会产生很多问题。所以，针织服装设计者在设计前必须充分了解针织面料的性能特点，并熟练掌握针织服装设计的方法与技巧。只有这样，才能在设计和生产中扬长避短，保证设计的科学性、合理性和正确性，进而全面提升针织服装的设计含量及产品质量。

（1）拉伸性：针织面料的拉伸性也可称为弹性。弹性是针织面料突出的特性，一般针织面料的横向拉伸可达 20% 左右，其缺点是尺寸稳定性相对较差，规格尺寸容易发生变化；优点是，针织服装适体性特好，既能充分体现人体的曲线美，又能伸缩自如，适应人体各种运动与活动所需要宽松量。

（2）脱散性：纱线断裂或线圈失去串套连接后，线圈与线圈发生分离，称为脱散性。在款式设计与缝制工艺设计时，应充分考虑这一特性，并采取相应的措施加以防止。如采用包缝、绷缝等防脱散的线迹；或采用卷边、滚边、绱罗纹边等方法防止线圈脱散。同时，在缝制时要注意缝针不能刺断纱线形成针洞，从而引起胚布脱散。脱散性与面料使用的原料种类、纱线摩擦系数、组织结构、未充满系数和纱线的抗弯刚度等多种因素有关。单面纬平针组织脱散性较大，提花织物、双面组织、经编织物的脱散性较小。

（3）卷边性：单面针织面料在自由状态下边缘会产生包卷现象，这种现象称为卷边性。这是由于线圈中弯曲线段所具有的内应力企图使线段伸直而引起的。在缝制时，卷边现象会影响缝纫的操作速度，降低工作效率。目前企业主要采用一种喷雾黏合剂喷洒于开裁后的布边上，以克服卷边现象。

卷边性与针织面料的组织结构、纱线捻度、组织密度和线圈长度等因素有关。一般单面针织面料的卷边性较严重，双面针织面料没有卷边性。

（4）透气性和吸湿性：针织面料的线圈结构能保存较多的空气，因而透气性、吸湿性、保暖性都较好，穿着时有舒适感。这一特性使它成为功能性、舒适性面料的条件，但在成品流通或储存中应注意通风，保持干燥，防止霉变。

（5）纬斜性：当圆筒纬编针织面料的纵行与横列之间相互不垂直时，就形成了纬斜现象。用这类坯布缝制的产品洗涤后就会产生扭曲变形。

（6）工艺回缩性：针织面料在缝制加工过程中，其长度与宽度方向会发生一定程度的回缩，其回缩量与原衣片长、宽尺寸之比称为缝制工艺回缩率。

回缩率的大小与坯布组织结构、密度、原料种类和细度、染整加工和后整理的方式等条件有关。工艺回缩性是针织面料的重要特性，缝制工艺回缩率是样板设计时必须考虑的工艺参数。

2. 发展趋势

（1）内衣外穿化：针织服装最初作为内衣被人们穿在里面，到 20 世纪 70 年代以后，针织品外衣开始投入生产，到了 80 年代，我国针织服装已经与国际流行款式逐渐接轨。尤其是 80 年代后期，文化衫开始风行，原来作为内衣穿着的圆领长袖针织衫、背心等，到了夏天就成为最受欢迎的时装 T 恤。文化衫的图案内容非常广泛，例如，人物头像、动物形象和文字涂鸦等，使针织 T 恤已经成为人们衣橱中不可或缺的时尚单品。

（2）款式时装化：羊毛衫原来也是内衣类服装，如羊毛开衫、羊毛背心等，以素色为主。20 世纪 80 年代以来，在消费需求量增加的同时，随着人们审美观念的提高，对羊毛衫产品也要求越来越具有设计感。生产厂家和设计师根据产品旺销的势头，在羊毛衫的款式和色彩上不断推陈出新，其外衣化、时装化的趋势越来越明显，传统的着装样式已不适合发展的趋势，更不适合人们追求个性的需求。作为外衣的羊毛衫也根据季节性、实用性、年龄、性别、流行款式、流行色等因素进行设计，在尺寸、工艺、色彩等方面迅速贴近时装的要求。

（3）面料及装饰多样化：近年来，针织面料应用越来越多样化，伴随着针织工艺设备和染整后处理技术的不断进步，针织面料的品种、风格越来越丰富多彩。外观看，有的薄如蝉翼，有的形似毛呢、裘皮，有的弹力超群，有的软中带挺；从风格看，有的轻垂、有的厚而不重且轻暖舒适，有的光彩夺目且绚丽多姿。

针织服装的产品种类越来越多，几乎涵盖了人们生活的方方面面，例如，内衣、T 恤衫、绒线衫、夹克衫、外套、裤子、配饰品等。针织服装日益朝着个性化、多样化方向发展。

第二节　成型类针织服装设计

成型类针织服装是通过在针织机（横机、电脑针织机等）上收针和放针，编织出衣服形态的衣片或衣坯，然后缝合为成衣。传统手工编织成型的毛衣以及袜子、手套、围巾均属此类。由衣片的成型程度又可分为全成型和半成型两类。全成型衣片按照严格的尺寸要求设计工艺，在针织机上编织出的衣片只需缝合即可成衣，这类服装设计生产的工艺技术要求和成本都较高。半成型则还须将衣坯做部分裁剪，如开领口、挖袖窿等，再进行缝合。

成型针织服装的基本特性是由于构成织物的线圈形状以及圈套过程中受力的方向而形成的，其中最主要的特性为伸缩性、卷边性、脱散性和尺寸不稳定性。不同纱线配置和不同组织结构配置都具有这种共同的特性。

成型针织服装主要包括针织毛衫和针织配件两大类，分为机织和手编两种编织形式。

一、针织毛衫

针织毛衫是编织类针织服装的通称，针织毛衫品种繁多，原料多采用羊毛、羊绒、驼绒、腈纶、真丝、人造丝、棉纱等，品类款式丰富，风格多样，深受消费者的喜爱。随着纱线生产技术的发展，新型电脑横机的问世，编织工艺、装饰手法的创新，针织毛衫的设计呈现出时装化、个性化发展趋势。目前不仅能织出各种新颖的、流行的花纹图案，而且还可以在同一件衣片上使用不同粗细的纱线编织多种密度的不同部位。

1. 针织毛衫的种类与特征

（1）针织开襟衫（Cardigan）：针织开襟衫通常简称为针织开襟，在衣服前门襟有拉链或扣子等连接物连接的短上衣。基本衣长在腰臀线之间，以各种造型线的无领设计为主，舒适的装袖设计，肩线、腰线自然合体，领口、门襟通常使用门襟条设计，使服装边缘平整不卷边，是一种经典优雅的针织服装款式（图11-1）。

（2）针织套头衫（Pullover）：针织套头衫是仅从头部开口，便于穿套的针织服装。根据开口形状的不同，分为高领针织衫、V领针织衫、圆领针织衫或其他时尚的领型衫。针织套头衫属于休闲装，已经成为一种经典的针织造型。设计师们通过对领口、袖口及下摆的不同设计，可创造出不同的针织衫式样（图11-2）。

（3）马球衫（Polo Top）：马球衫是一种套头翻领针织上衣，在前片有半开襟。马球衫是由马球运动服装演变而来，造型风格偏中性，属于男女皆宜的式样。通常衣身采用平针组织，领口、袖口和底摆采用罗纹组织，通过对口袋、领子、装饰等细节设计，可表现出不同的造型效果（图11-3）。

（4）针织背心（Vest）：针织背心由套头针织衫发展而来，通常是V领或圆领，无袖结构，多搭配衬衫穿着（图11-4）。

（5）针织连身裙（Sweater Dress）：针织连身裙是衣片和裙子相连的单品。针织连身裙一直以来在针

图11-1　针织开襟衫

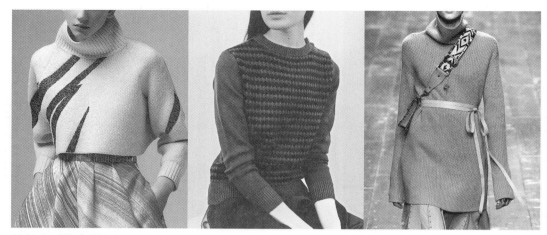

图 11-2　针织套头衫

图 11-3　马球衫

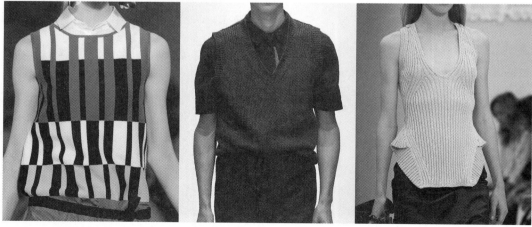

图 11-4　针织背心

织服装种类中所占的比例较低，但由于针织连身裙良好的舒适感，现在开始被越来越多的人接受了。近年来，针织连身裙还不断地被服装设计师们运用到礼服的设计中，并获得了成功（图 11-5）。

图 11-5　针织连身裙

（6）针织外套（Knitted Coat）：针织外套是针织服装内衣外穿发展趋势最好的体现，就是将针织服装做成外套的形式，成为秋冬季节人们外出穿着的时尚服装。款式上倾向于合体或宽松的造型特点，对尺寸稳定性、服装合体性等要求相对较高（图 11-6）。

现代毛衫设计再也不局限于开衫、套衫这些传统的款式，长款或短款、色彩鲜艳或沉稳、风格活泼或优雅，装饰丰富新颖的毛衫充满了时装舞台。而不同材质的组合设计更是大大拓展了设计师的创作思维，针织毛衫以其舒适柔软的服用性能，时尚多样的设计形式、轻松休闲的穿着风格深受消费者喜爱，成为国际时尚舞台一股不可缺少的设计潮流。

2. 针织毛衫的设计要点

（1）传统毛衫的廓型：可选用 X 型（紧身型）、H 型（直筒型）、T 型、A 型、O 型（宽松型）等造型，创意毛衫还可以根据流行风格采用几种廓型组合。传统毛衫根据设计，采用纱线直接织出成形衣片，创意毛衫设计还可以根据板型排料裁剪衣片，或者两者结合制作成衣，

图 11-6　针织外套

形成不同的工艺美感（图 11-7）。

　　（2）毛衫的结构设计：传统毛衫由于衣片为直接成型，所以衣身结构简单，几乎没有分割线。领子设计以无领设计、翻领设计为主，或者是在此基础上的变化领型。袖子设计以装袖、连裁袖和插肩袖等常规袖型为主，或者是在此基础上的变化袖型。创意毛衫的领型、袖型设计则多具有夸张、立体结构、不对称等结构特点，以体现个性化和形式美感为主的设计思路（图 11-8）。

　　（3）毛衫用线：可采用纯毛、混纺、化纤等不同纱线，不同的交织方法构成丰富的浮雕肌理效果，是针织类毛衫设计的独特手法之一。此外，毛衫常利用丰富的针法增强毛衫的弹性，对人体不同部位进行表现（图 11-9）。

图 11-7　毛衫廓型设计

图 11-8　毛衫结构设计

图 11-9　毛衫肌理设计

（4）毛衫的装饰方法：可以与各种面料进行搭配、镶拼，构成不同材质之间的对比美。装饰手法多样，可采用刺绣、镶边等工艺以及珠片、水钻、亮片的闪光效果组合构成装饰图案进行点缀（图11-10）。

图11-10　毛衫装饰方法

（5）毛衫色彩纹样设计：根据设计要求，毛衫可采用不同的色彩组合，也可采用成衣染色、局部漂洗、色织、拼接、镶嵌等方法获得丰富的肌理效果。常使用图案设计来进行毛衫装饰设计，图案包括几何、花卉、人物、动物等，图案风格多样（图11-11、图11-12）。

二、针织配件

针织配件作为服装配套用品，不仅具有功能性，而且越来越具有设计感。尤其是在休闲服装的搭配中，针织配件几乎成了必备品。

1. 针织配件的种类与特征

（1）针织帽：针织帽款式变化丰富，适合各个年龄层消费者穿戴。手工编结，款式丰富多样，不断推陈出新，传统的保暖功能没变同时增加了装饰作用。品种包括针织豆蔻帽、针织贝雷帽、针织鸭舌帽、针织护耳帽、针织头巾帽，以及创意性针织帽等（图11-13、图11-14）。

（2）针织围巾：针织围巾色彩富于变化，能适合不同服装配饰的需要。如大一点的可披在肩头或垂到脚踝，小一点的仅仅系在颈部，可选择单色、花色，粗针编织或细针编织。款式上包括套头式、缠绕式、披肩式等。多使用造型样式、组织变化、配色花型等设计元素（图11-15）。

图 11-11　毛衫色彩纹样设计 1

图 11-12　毛衫色彩纹样设计 2

图 11-13　针织帽

图 11-14　针织帽款式设计

图 11-15　针织围巾

（3）针织手套：针织手套可以使用成型编织或针织坯布缝制而成，主要有保暖、装饰和劳保三种用途。保暖型手套一般比较厚实，采用纯毛线；装饰型手套花色较多，厚薄不一，材料多样，装饰时尚；劳保型手套，多采用白色原纱线或结实的针织布，耐磨耐用，有些还具有阻燃、绝缘等特殊功能（图 11-16、图 11-17）。

（4）针织袜：针织袜是花色品种最为繁多的针织配件，是针织工业的传统产品。袜品的传统功用是保护腿、脚部位温度，现在逐渐发展成为腿部装饰品，与服装搭配穿着。袜品所用原料一般为棉、锦纶长丝、锦纶弹力丝等。针织袜按长度可分为短筒、中筒、长筒和连裤袜；按花色可分为素袜和花袜两大类；按织造方法可分为单面平针织和双面凹凸针织等；按款式可分为船袜、棉袜、打底袜等（图 11-18）。

2. 针织配件的设计要点

（1）针织配件已经从以往的"御寒品"逐渐发展为时尚配饰，并且更加强调与服装搭配的装饰性功能设计。

（2）品种多样化，在传统品类的基础上，造型丰富、花色图案新颖、注重针法肌理感的设计，并与机织面料结合使用，产品风格更加轻松休闲化（图 11-19）。

图 11-16 针织手套

图 11-17 针织手套款式设计

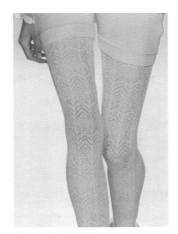

图 11-18 针织袜

图 11-19 针织配件

第三节　裁剪类针织服装设计

　　裁剪类针织服装是指把针织坯布按照样板剪裁成衣片后再缝合为成衣，大部分休闲外衣和针织内衣都属于此类。近年来，针织裁剪服装外衣化、个性化、时尚化趋势越来越明显，裁剪类针织服装的设计范围不仅仅局限于 T 恤和运动衫，而且广泛进入时尚外衣类产品中，甚至还涉及礼服等高端服饰产品的设计领域。传统裁剪类针织服装包括针织运动服、针织内衣两种主要类型。

一、针织运动服装

1. 针织运动服的种类和特征

　　运动服装分为竞技类专业运动服装和生活类运动服装。专业运动服有各种比赛服，如泳装、体操服、网球服、骑行服、跑步服、登山服等。生活类运动服也称为休闲运动服，是借鉴专业运动服元素进行设计，适合日常家居休闲活动特点的运动风格服装。

　　针织面料以其特有的延伸性和弹性，特别适用于制作运用服装。多使用经编针织面料或与机织面料组合使用，以化纤原料为主。强调面料的舒适性、功能性特点，例如，弹性优异的莱卡氨纶弹力丝面料；吸湿导汗性能较好的酷美丝（Coolmax）纤维面料；极具保暖功能的赛姆莱特（Thermolite）中空纤维纱面料等。面料品种多样，各有特色，例如，非弹力平布常用来做运动外套、背心、短裤；弹力平布常用来做泳装、体操服；各种经编网眼布可以作为运动服的衬里或局部镶嵌和装饰；经编起绒织物即可做运动服面料又可做里料，手感丰满，有良好的保暖性。

　　运动服装注重功能性设计，主要体现在舒适性、安全性、科学性等方面。根据竞技运动与休闲生活不同的需求，针织运动服在功能性设计方面具有不同的侧重点，有些强调面料的弹性、透气透湿性能、防水防风性能，有些则强调对人体各部位关节肌肉的保护作用，有些则通过高科技手段使运动服具有提高运动成绩的功能（图 11-20）。

2. 针织运动服的设计要点

　　（1）廓型以 H 型、O 型居多，自然宽松，便于活动。

　　（2）衣身多运用块面分割与条状分割，常使用立翻领、连帽领等领型设计，以及装袖、插肩袖等袖型设计，口袋多为插袋和贴袋，注重下摆、门襟、袖口等细节设计，并使用拉链、镶边、嵌条、商标等装饰。

　　（3）多使用化纤针织面料，或化纤与棉纤维混纺的针织面料，领口、袖口、下摆常使用罗纹面料，具有丰富的弹性，很好地突出了运动服装穿脱方便、便于运动、精神利落的风格特点。

图 11-20　运动服设计 1

（4）色彩鲜艳明亮，辨识度高，常采用对比色与无彩色搭配。根据流行趋势，多注重色彩的明度、纯度的变化运用，设计时还要注意色彩与面积、位置的变化关系，以获得最佳的视觉效果。

（5）专业运动服根据各类运动项目的特点进行功能性设计，生活类运动则侧重于舒适度、美观性的设计（图 11-21）。

图 11-21　运动服设计 2

二、针织内衣

1. 针织内衣的种类和特征

针织内衣是由针织面料缝制的穿在里面的贴身服装的总称，主要包括背心、短裤、棉毛衫裤、文胸、紧身胸衣、睡衣、衬裙、T恤等品种。由于内衣是直接接触肌肤穿着的，所以要求服装具有很好的穿着舒适性和功能性，如吸汗、透气、卫生、柔软、皮肤无异样感等；使用原料以纯棉纱线为主，辅之以棉混纺纱线、毛及毛混纺纱线，真丝、锦纶纱等；对弹性有特殊要求的产品还要适当加入些弹性纱线。此外，开发了一些用保健性纤维编织的或经保健功能整理的、具有防病治病功能的保健功能性针织内衣，这是针织内衣发展的趋势之一（图11-22）。

图11-22　针织内衣款式设计

T恤衫是"T-shirt"的音译名。T恤衫由圆领针织背心发展而来，基本款式为圆领短袖衫和半开襟、三粒扣的短袖翻领衫等。由于运用横开领、镶拼、嵌线、压条、贴袋等设计，以及印花、绣花等工艺装饰，使T恤衫具有针织内衣和外衣的双重功能。

T恤衫的结构比较简单，廓型或宽松或紧身，款式多样，搭配自由，是夏季人们普遍穿着的服装单品。细节设计通常集中在领口、袖口、下摆部位，以及运用色彩、图案、材质的组合设计，强化服装设计主题（图11-23）。

2. 针织内衣的设计要点

（1）根据内衣产品不同的定位需求确定不同的设计风格，但是必须将功能性作为重点。

（2）款式上可选择 S 型、A 型、H 型、T 型等不同宽松或紧身程度的内衣造型。

（3）宽松造型的内衣结构简单；适体造型的内衣结构根据体表曲线和运动规律进行分割处理，即使弹性较好的针织品也不例外。

（4）面料选择范围大，以天然针织品为主。选料要求舒适与美观相结合，尤其是辅料的运用不能对人体有任何伤害，符合人体的生理和心理需求。

（5）根据内衣种类选择色彩、图案、装饰。女性内衣以接近人体的浅色调为主，装饰内衣以个性化的各种明亮色、无彩色为主；男性内衣色彩以深色系和明度适中的灰色系为常见。

图 11-23　T 恤衫

第十二章

礼服设计

- 礼服设计的概述
- 礼服的设计方法
- 礼服分类设计

礼服的设计源于法国的传统服饰文化，它诞生于 19 世纪中叶。在此之前，宫廷贵妇的服装都是由雇佣的裁缝在家为其缝制，而当时的裁缝缝制礼服只能按照雇主的要求，而缺乏设计理念。1858 年，英国裁缝查尔斯·弗雷德里克·沃斯在巴黎的和平街 7 号开设了第一家专为顾客量身定制的时装店，他把自己设计的礼服介绍给上流社会人士，让他们按照个人的喜好挑选，选定后，先制造一个与客人形体尺码相同的人体模型，然后根据其尺寸仔细裁剪，并以手工缝制出客人所选的礼服，这就是高级女装的雏形。

第一节　礼服设计的概述

一、礼服的概念

礼服是指人们从事重大礼仪活动时穿着的服装。礼仪是人们在社会交往中由于受历史传统、风俗习惯、宗教信仰、时代潮流等因素的影响而形成，既为人们所认同，又为人们所遵守。礼仪用服一般是高档的、正规的、格式化较强的，穿着礼服不仅是体现自身价值的需要，也是对别人的尊重。随着现代社会文明的发展和快节奏生活方式的需要，服饰文化也随之不断深化，与其他种类的服装相互渗透借鉴，某些场合或某些种类的礼服正在被简化，或者被其他种类的服装替代，使其在造型方面更趋于简洁大方。只有晚礼服、婚礼服、仪仗服还依然受到人们的重视。礼服是各个国家和民族文化的一个重要组成部分，几乎每个国家和民族都有自己的传统礼仪服装。现代社会经济发展，文化融合，西洋服饰文化在世界普及，所以西洋服饰文化演化而来的礼服便成为现代社会礼服的基本款式。

二、礼服的功能

1. 表示地位和身份

礼服是表明社会生活中的人，在某些特定的时间与场合中的特定身份。原始社会，人们的礼服受身份等级、礼仪惯例的约束与影响，是出于对某种事物的禁忌与畏惧，而文明开化的现代人礼服则与身份、伦理、世界观、审美观、情趣及其所具有的社会地位与经济实力有关。现代人在出席一些需要着正装的场合时，礼服便是唯一的选择。

2. 区分场合

礼服是人与人之间按照一定的社会关系和睦相处，礼服具有维护一定社会秩序的功能，在某种特定的场合穿着符合社会礼仪规范的服装成为一种固定下来的规定，成为社会成员中全体成员普遍接受、拥戴的生活方式、行为方式。如婚礼服的穿着应用，每个民族都有自己特定的民俗禁忌，在中国的婚礼服设计中，黑白搭配的婚礼服是不被接受的，因为在中国人的民俗中，黑白是不吉利的色彩，所以一些欧美设计师所设计的一些黑白配的婚礼服就不被国人所接受，更谈不上什么审美了。

3. 表示审美

现代社会经济发达，礼服与以前相比越来越贴近普通人的生活，礼服的概念也不再拘泥于形式，在大的礼服概念的统筹下，礼服开始在我们的视野中经常出现。明星走红毯时候的礼服，更多的是为了吸引人的眼球，表达自己的穿衣品位与时尚眼光；公司晚间的 Party 也使得白领阶层极尽自己的所能展现自己与平时职场中完全不同的一面；高校学生的新生晚会与毕业典礼也可以通过礼服展现青春靓丽的一面。时尚已经深深影响着现代社会生活的人，审美毫无疑问代表了一个人的生活品质，表达审美已经成为礼服一个重要的功能。

第二节　礼服的设计方法

礼服的设计方法主要表现在整体造型设计、局部造型设计、细节表面装饰设计。

一、整体造型设计

在整体造型，礼服多为低胸、深 V 领、露肩、露臂、收腰合体的裙装，裙长有的及膝、有的曳地，整体廓型通常以 A 型、X 型、Y 型为主，这几种廓型是最能体现女性曲线身材的廓型，裙摆的鱼尾形、郁金香形还有蛋糕形也是通常的款式（图 12-1~ 图 12-3）。

二、局部造型设计

局部造型设计也就是指礼服的细节设计，包括领部、肩袖、胸部、腰节、下摆和后背。

1. 领部造型设计

领部设计是整体服饰的重要部位，领部最接近人脸，是最能美化人物形象的部位，能够起到很好的修饰脸型和颈部的作用。礼服的领部造型有 V 字领、一字领、U 字领、M 字领和不规则领型等。在不规则领型中斜肩领是受设计师与消费者青睐的领型（图 12-4、图 12-5）。

图 12-1　X 型礼服

图 12-2　A 型礼服

图 12-3　Y 型礼服

图 12-4　礼服的多种领型设计

图 12-5　礼服不规则领型设计

2. 肩袖造型设计

肩袖设计是体现肩部线条与手臂线条非常重要的设计细节。礼服一般都是无袖设计，无袖设计的袖窿部分可以做创意处理，不对称设计或者装饰设计等多种设计方法。紧身袖是礼服中常用的袖型，一般采用有弹性的面料完成，紧身袖可以很好地展露纤细的手臂线条（图 12-6）。

图 12-6　礼服的肩袖造型设计

3. 胸部设计

胸部设计往往是体现女性性感与魅力的关键部位，胸部装饰除堆砌各种精美的饰物外，胸部裸露肌肤的多少，也是礼服设计形式美法则中对比例运用的完美诠释（图 12-7）。

4. 腰节设计

礼服可以是低腰设计也可以是高腰设计，腰节的高低或宽松程度的变化会产生不同的比例关系，影响整体的设计风格；分割线、装饰线、省道等造型方法也是常用的手法（图 12-8）。

图 12-7 礼服的胸部设计

图 12-8 蝴蝶装饰的腰节设计

5. 裙摆设计

裙摆可以是直线型设计也可以是曲线型设计，可以是单层设计也可以是多层设计，还可以是虚实相间的设计，裙摆可以分为短拖尾、中拖尾和长拖尾，不同长度适合不同的场合、不同的活动，但更注重的是要适合不同身材的着装者。下摆造型可以分为迷你裙摆、鱼尾裙摆、拖地裙摆、开衩裙摆、波浪裙摆，前短后长式裙摆等（图 12-9）。

图 12-9　礼服的裙摆设计

6. 背部设计

背部设计能充分体现女性圆润细腻的曲线魅力，在礼服前面设计充分的前提下，背部的设计也同样重要。背部的设计有挖背型、垂荡型、交叉型、V字型、与抹胸齐平的水平型、保守型、穿带型等（图12-10）。

三、表面装饰设计

礼服的设计离不开各种各样的装饰设计，恰当的装饰能增强礼服整体形象，使礼服显得更加的雅致、高贵、和谐。常用的装饰方法有：填充、缠绕、烫贴、抽褶、流苏、挂坠、褶裥、镂空、蝴蝶结、荷叶边、

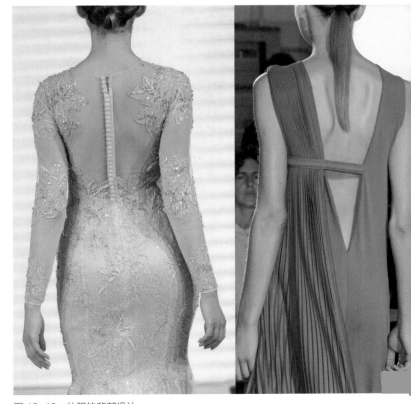

图 12-10　礼服的背部设计

手绘、刺绣、人造立体花等。礼服的表面装饰最重要的是装饰的部位要遵循整体服饰造型的设计。褶皱是礼服设计常用的设计方法之一。褶皱是通过改变面料原有的形态特征，但不破坏面料的基本内在结构而获得，使服装具有全新的肌理效果。由于面料的质感差异、褶皱的位置、层次等疏密变化，褶皱会使服装产生层次感和光影感（图 12-11）。

图 12-11　礼服表面装饰方法

第三节　礼服分类设计

一、婚礼服设计

1. 西式婚礼服设计

婚礼服是一种功能性与礼仪性非常强的礼仪服。喜庆大红色与娇艳的粉色调是中国的传统婚礼服的代表颜色，由于受到西方文化的影响，现代中国年轻人婚礼所选用的婚礼服一般是以白色为主色调的婚纱。婚礼服中除了新娘的婚纱还有伴娘的礼服，伴娘服一般采用简单款式的香槟色、浅粉色等浅色系，装饰比较简单，在整个婚礼的过程中呈现的既优雅又能够凸显新娘的重要地位（图 12-12）。

婚礼服的款式与造型以表现女性形体优美的曲线为目的，而传统的婚纱则尽可能彰显新娘庄重、高贵、优雅。现代的婚纱设计结合现代流行时尚元素，使婚纱设计加入了很多的时尚元素，例如，流行色，中西方婚礼服的融合设计，以及色彩感较强的婚纱设计等，给婚纱带来了异彩纷呈的视觉效果。

款式上传统型婚纱上身以 V 领、收腰、紧身合体等设计元素为主导，下身以大而蓬松的拖地长裙为主。现代婚纱设计师进行了大胆的创新设计，短款婚纱，裙长及膝的款式，抹胸的款式等，看起来青春、甜美、俏皮、可爱，是现代年轻人喜爱的款式。

婚礼服的面料多选择细腻、轻薄、透明的纱、绢、蕾丝，或采用有支撑力、易于造型的化纤缎、塔夫绸、山东绸、织锦缎等面料。在工艺与装饰方面会采用刺绣、抽纱、雕绣镂空、拼贴、镶嵌等方法，褶皱也是婚纱中常见的造型手法，多层叠加的褶皱使婚纱看起来具有很好的层次感与雕塑感。

2. 中式婚礼服设计

纵观华夏婚礼，婚礼服制式主要有三种，分别是汉代的"爵弁玄端——纯衣纁袡"、唐代的"梁冠礼服——钗钿礼衣"和人们较为熟知的明式"九品官服——凤冠霞帔"。

汉代以前大多是周制婚礼，周制婚礼秉承周代仪制，身着周制婚服（玄端），古典幽雅、庄重肃穆，以玄黑色和纁黄色为主，这两种颜色象征着天地的神秘色彩。

到了唐代，唐制沿袭周礼，气势宏达，婚礼服融合了先前的庄重神圣和当时盛世的热烈吉庆，将绯红与青绿作为婚礼服的主色调，红色的嫁衣由此流传至今。

明制婚礼则承袭明代礼仪，身着明制婚服，女着凤冠霞帔，华美多姿。对后世产生了很大影响。这种婚服样式是目前中国人心中典型的华夏婚礼服装，而且这种认识根深蒂固，从明代至近代绵延几百年。新娘头戴凤冠或丝绸红盖头，身穿宽大的红袍，新郎则头戴璎珞之冠，身穿长袍马褂。两位新人服饰需有龙凤，象征着皇帝和皇后般尊荣。

图 12-12　西式婚礼服

　　现代年轻人的婚礼中式婚礼服秉承了上袄下裙（图 12-13），凤冠霞帔或者旗袍的基本样式，成为现代年轻人中式婚礼的传统款式。具有中国特色的红色是婚礼的主打色，配以金色装饰，黄金的首饰、金黄色的刺绣、滚边等装饰使得整个婚礼看起来雍容华贵，刺绣的图案运用龙凤、祥云、花草叶茎等自然动植物图案，表现出一种中国所独有的人与自然关系的符号语言，热闹非凡，中式婚礼服面料以丝绸、绸缎为主。

二、晚礼服设计

　　晚礼服也称为夜礼服或晚装，比日常服装显得豪华、庄重、高贵，常采用传统与流行相结合的款式设计，穿着时间一般在下午六点以后，为正式礼服，款式风格内涵变化极为丰富，或

图 12-13　中式传统婚礼服

端庄秀丽，或热情性感。造型、色彩和面料的选用都极尽精致，是女士礼服里最高档、最具特色、最能充分展示个性的礼服。传统的晚礼服注重腰部以上的设计，腰部以下多为长裙，款式特点是袒露肩、背、胸、臂的连身长裙，配饰主要有披肩、外套、斗篷、手袋等，装饰物主要有耳环、戒指、手链、项链等。与传统晚礼服相比，现代的晚礼服在造型上更趋于舒适、美观、实用，设计较随意，以长裙居多，也有短裙设计，款式线条简洁，结构精致，色彩艳而不俗，雅而不淡，面料主要以丝绸、塔夫绸、纱绡为主。

1. 传统型晚礼服

传统型晚礼服的款式多以袒胸露背、裸背无袖的连衣长裙最为正式，常用的设计方法有斜裁褶皱、打结造花、抽褶悬垂等形式。传统的晚礼服以西方传统的审美标准来评，其款式相对固定，基本强调女性窈窕的腰肢，夸张臀部以下裙子的量感，肩、胸、臀的充分展露，大胆的低领口设计是传统型晚礼服常见的设计，局部装饰的繁复以突出晚礼服的美轮美奂。

传统型晚礼服的造型主要是上部合体修身，裙身蓬松夸张，晚礼服是夜间出席晚宴及各种重大活动时穿着的礼服，在社交场合中扮演着重要的角色，为了迎合夜晚奢华、热烈的气氛，选择丝光面料、闪光缎等一些华丽、高贵的面料与夜晚的照明和气氛相呼应。手绘的大花面料、刺绣、珠片、织锦、绸缎、塔夫绸、天鹅绒、丝绒及有厚重感的奢华毛皮，有手工感的印花、提花织物都是传统晚礼服广为采用的典型面料。晚礼服还会应用大量的工艺方法对服装本身进行装饰，刺绣、拼绣、镶嵌、打结等工艺的应用是晚礼服设计的不可或缺的方法（图12-14）。

　　传统晚礼服常用的配色有酒红、墨绿、宝石蓝、深紫、灰色、黑色，还有金银等闪光色。

图12-14　宝蓝色西式晚礼服

図 12-15　现代风格晚礼服

2. 现代晚礼服

随着社会经济的发展，人们的审美水平与生活的品质不断地提高，女性在社会上所扮演的角色与担当的责任也越来越重要，女士晚礼服在传统晚礼服的基础上向实用性、装饰性、功能性及多元化的复合美相结合的方向发展。现代礼服设计受到各种艺术思潮与流行时尚的影响，不断创新。现代礼服时髦、简洁大方、干练，追求个性，体现穿着者的与众不同。其色彩丰富，虽然还是以白色、灰色、红色、黑色等为主要色调，也会选择以中等明度和纯度的色彩和含灰度的配色。现代感很强的晚礼服的配色一般不超过三种颜色，可以采用对比的色彩关系，利用色彩的明度和纯度、面积及形态等形成强对比效果，具有较强的视觉冲击力和艺术感染力（图 12-15）。

装饰方法与工艺方法常用闪亮的珠宝、亮片、云母片等配合灯光形成很强的闪光效果，配饰相对简洁。

三、小礼服设计

小礼服也称昼礼服、鸡尾酒会礼服。穿着时间一般是傍晚时分，介于晚礼服与昼礼服之间，与豪华隆重的晚礼服相比，相对简化。小礼服起源于美国，现在欧洲大陆与我们国内也很盛行。这种聚会一般利用晚餐前的傍晚与同事、朋友欢聚的形式，达到良好的社交目的。这种轻松、便利的派对形式十分符合繁忙快节奏的现代人生活（图12-16）。

小礼服是以轻便的裙装为基本款式的礼仪服，其特点是轻巧、舒适、自在、有活力。小礼服的款式特点主要表现在裙子的长度与服装本身的小体量感上。小礼服的裙长根据服装潮流和风土人情进行变化，是适合在较多的礼仪场合穿着的服装，例如，酒会宴会、鸡尾酒会、生日聚会、约会、婚宴等。小礼服的款式以公主型、蓬裙型、贴身型为主要造型。

小礼服相对于晚礼服是更贴近普通人生活的礼仪服装，风格受不同历史时期的影响有所变化，款式层出不穷、独特新颖，有抹胸式、迷你裙、斜裙、蛋糕裙、鱼尾裙、褶裙等。小礼服使用的面料也更加的多样化，雪纺、纯棉、蕾丝、真丝、羊毛、亚麻、绸缎、牛仔布、皮革等。

图12-16　小礼服

第十三章

服装流行分析与应用

- 服装流行概论
- 服装流行的预测与发布
- 服装流行的主要内容
- 服装流行色及其预测

第一节　服装流行概论

一、服装流行的定义

流行是指迅速传播而盛行一时的现象。流行是时代的反映，是一种观念的形成，体现了整个时代的精神风貌。服装的流行是指在服装领域里占据上风的主流服装的流行现象，是被市场某个阶层或许多阶层的消费者广为接受的风格或样式。服装流行具体表现在款式、面料、色彩、图案纹样、装饰、工艺以及穿着方式等方面，并由此形成各种不同的着装风格。

二、服装流行的起源

早在中国，很早就有关于流行的记载。古书《礼记·檀弓上》中，有"夏后氏尚黑"的描述，之后，殷商流行白色，周朝流行红色，春秋时，齐国风行紫色，齐桓公穿上紫袍后，紫色的纺织品价格猛涨了 100 倍。

现在意义上的服装流行概念起源于 17 世纪中叶巴洛克法国风时期。当时荷兰渐渐失去欧洲商业中心的地位，取而代之的是波旁王朝专制下兴盛起来的法国，欧洲服装的崇拜中心转移到法国。每月装着法国最新时装的"潘多拉"盒子从巴黎运送到欧洲各大城市，指导人们消费，这就是最早意义上的流行发布。早期的服装流行是沿着两条主线变迁的：一条是以上层社会的宫廷服装为代表，其主要特征是为了显示着装者的官级，尊严和权贵；另一条是以下层社会的民间服装为代表，其主要特征是以抵御寒暑为主要目的。1672 年创刊的杂志《麦尔克尤拉·夏朗》，把法国宫廷的新闻和时装信息向公众传播。用铜版画绘制的时装画也在这时出现和流行，这些都使法国逐渐成为欧洲乃至世界时装的发源地。

三、　服装流行的研究历史

20 世纪初，流行研究逐渐被提到综合理论的高度。1904 年美国学者 G. 西蒙对流行问题进行了抽样分析，他认为：流行是人们企图顺应社会的一种愿望，是特定状态下的典型模仿行为。1924 年美国教授博加德斯作了流行研究的定量分析，分析了流行与时装的关系，统计出人们对时尚的认识行为中，服饰与流行联系在一起的比例高达 83%。心理学派的代表，美国哥伦比亚大学教授 E·哈夫洛克在《服装心理学》一书中，对于人类追求服装的动机和目的作了客观的分析，指出服装的推动作用是一种最令人惊奇和最强有力的社会动力，并从多种角度论证了时装的兴起、衰落、停滞的种种原因，同时还阐述了不同的性别、性格、年龄、社会地位与服装的内在关系。

国际服装流行最初是从纺织工业中移植过来的，经过几十年的发展，它的研究由自足经济的封闭阶段逐步过渡到商品经济条件下的开放型阶段，并形成了适应社会需求的商品化模式，即利用发布会、博览会等形式公开宣布某种流行趋势，目前已成为最引人注目的表达方式。1958年，德国在法兰克福举办最初的国际性衣料博览会英特斯道夫（Interstoff），把服装流行趋势作为表现美和满足大众生活需要的一项应用性技术加以研究，并为迎合商业需要不断更新活动。于是，归属于全社会的服装流行研究开始。20世纪60年代，一些具有特色的流行研究机构相继涌现，其中最权威是国际时装与纺织品流行色委员会（简称国际流行色协会），它是由法国、瑞士、日本组织发起，于1963年9月在法国巴黎宣布成立。20世纪70年代中期，日本在东京举办衣料博览会，被称为"东京斯道夫"（Tokyostoff），成为继德国英特斯道夫之后，第二个世界性的流行衣料品种花色预测中心和直接联系服装市场的贸易中心。20世纪80~90年代，服装流行趋势处于国际化、多中心化、多样化、差别化的新阶段，服装流行的研究分类更加细化。

四、服装流行的形式

服装流行的形式是复杂的，各种不同的自然因素和社会因素都能产生不同形式的流行。一般情况下，服装流行的形式可以用以下三种流行理论加以解释。

1. 自上而下的形式

这种形式是指服装从社会的上层向平民百姓流行的形式，是服装流行中较为广泛的流行形式。纵观中外服装史，流行服饰都是从宫廷率先发起的，再经民间逐步效仿而形成一种流行现象。新服装的流行首先是由富有的上层社会开始的，这类有闲阶层为炫耀自身拥有的财富，需通过使用象征财富的产品来达到目的，而服装就是最持久、有形的财富象征产品。例如，欧洲文艺复兴时期，英国女王伊丽莎白一世喜欢穿扇形立领的服装，于是宫廷贵族纷纷效仿而流行一时。这类产品开始时仅仅影响社会上层，一旦流传到下层社会，并开始被模仿、抄袭、复制，上下界限被打破，上层社会就会放弃这种形式而去追求一种新的表达形式，于是就会有新一轮的流行。

2. 自下而上的形式

这种流行的形式是指当一种服装首先在下层社会中产生并普及，然后由于其某些特点而被上层社会所接受。下层社会在劳作中为了方便生活而创造出一些服装，经过长期使用，使人们逐渐认识到它的功能作用，并形成相应的审美意识，从而成为流行趋势，例如，牛仔服的产生与流行。这个理论现今被许多服装专业的学生和时装业内人士所推崇，他们认为年轻人比其他社会阶层更易于接受新的或不同的流行，因此导致流行传播，这种传播不仅是由年轻人传到老年人，也从较低的经济阶层传到较高的经济阶层，如街头服饰的传播与流行。

3. 平行移动的形式

这种流行的形式认为流行更多的是群体内部或同类群体之间的传播。这种传播抛弃社会成员的等级区别，无所谓高低、上下，直接按照人们居住的方式进行分流，它更能表现出服装流行的社会性的必然与必需。现在，服装设计师或服装企业利用服装博览会、展示会、广告宣传，与各种媒体将服装信息广泛传播，以达到刺激人们趋同心理的目的，使得某款服装迅速以铺天盖地之势向四周蔓延，这就是服装流行的平行移动。

五、服装流行的基本规律

服装的流行具有明显的时间性，随着时间的推移而变化，这种变化是有规律的，表现在循环式周期性变化规律和渐进式变化规律。

1. 循环式周期性变化规律

这一流行规律的特征是指某一流行服装逐渐销声匿迹后，经过一段时间后又会以大体相似的款式出现，但这次的流行并不是照搬照抄的再现，而是在原有的特征下不断地深化和加强，且注入了新的气息。这种循环的再现无论是在服装造型上、色彩运用技巧上，还是在服装面料上，都与以前相比有质的飞跃，必定带有时代的鲜明特征。

2. 渐进式变化规律

渐进式变化规律是指服装款式在原有的特征下不断地深化和加强，使流行有序渐进的发展，如裙子的流行，渐渐地由短变长或由长变短。当流行达到顶峰时，时装的新鲜感、时髦感便逐渐消失，预示着本次流行即将告终，下一轮流行即将开始。总之，服装流行的发展随着时间推移，经历着发生、发展、高潮、衰亡阶段，它既不会突然发展起来，也不会突然消失下去。

第二节　服装流行的预测与发布

一、服装流行预测的方法

服装的流行预测是对各种信息的掌握和把控，正确的预测会给服装生产厂家指明今后一段时间内的生产方向，会给消费者提示总的服装流行倾向，指导其购买行为，更主要的是，流行预测将给设计者指明设计方向，因此，采用正确的预测方法是非常重要的。在欧美服装发达国家中，对于服装流行的预测和研究早在 20 世纪 50 年代就开始，经历了以服装设计师、服装企业家、服装研究专家为主的预测研究，以本国的专门机构向国际组织互通情报，共同预测发展过程。同时在预测方法上，经历了以专家的定性为主的预测，到以现代预测学为基础的电脑应用的预测过程，形成了一整套现代化的服装预测理论。

1. 问卷调查法

问卷调查法是一种比较客观的调查方法。要求被调查者解答调查问卷，并从中得出结论。在设计调查问卷上的问题时，问题水平的高低直接影响调查结论的正确与否，问题的数量、范围、答卷人数、层次都会对调查结论产生一定的影响，因此，如果处理不当，调查结论可能会与实际情况相去甚远。

2. 总结规律法

总结规律法是根据一定的流行规律推断出预测结果的方法。流行机构参照历年来的流行情况，结合流行规律，从众多的流行提案中总结出下一季的流行预测。这种方法比问卷调查法省时省力，但带有更多的主观性，人为因素过多容易使预测结果与实际情况产生偏差，再加上流行规律中有许多变量，这些变量同样会影响预测结果。因此，预测机构往往组织许多有经验的流行专家共同分析，集体讨论出最终结果。

3. 经验直觉法

经验直觉法是凭借个人积累的流行经验，对新的流行作出判断。这个方法经常被一些大牌服装公司所采用。由于大牌的服装公司已占据一定的市场份额，有比较丰富的第一手市场资料，其品牌风格不允许作太大变化，产品相对定型，因此我行我素地推行自己的流行路线，这种凭借灵感直觉再加上经验的分析有时反而更有实效。

二、服装流行预测要点

流行预测是根据一定的理论模式、历史资料和现行市场报告进行预测，除此之外，要考虑以下几点：

1. 极端而返现象

极端而返是指当一种流行风格走到极端之际，很有可能产生回归现象。流行现象是强调消费者喜好的变化，变化是流行现象的根本。在业内人们普遍对当前的流行风格大肆吹捧追随之际，应该清醒的分析，适时推出新的流行概念。如简洁的反面是繁复，鲜艳的反面是素净，飘逸的反面是挺括等。

2. 少数现象

少数现象是指品牌服装市场出现的个别具有明显风格倾向的品牌。个性鲜明的品牌容易被人们记住，但并不一定都会大面积流行。既然少数品牌有突出的风格，就一定有值得研究的设计元素组合，其中的某些元素可能延续至下个流行季节。虽然对这些设计元素不必照抄，但是对流行预测还是有借鉴作用的。

3. 季末现象

季末现象是指某一个流行季节临近结束时，品牌服装市场出现的最终情况。有两点情况值得注意：一是对畅销产品的总结，分析其风格特征和设计元素的组合。二是对临近季末最后一批投放市场产品的总结。由于面料供应商或生产延误等原因，每年的品牌服装市场都会有一批产品在流行季末匆忙应市，其销售业绩不能反映其真实的市场价值，但其中不乏成熟产品。

4. 延伸现象

延伸现象是指一些产品连续保持在几个流行季节的畅销。此类产品的设计元素比较经典，不必轻易丢弃。另外，根据一个畅销产品的某些设计元素，重新组合或增删，派生出新的产品，也是延伸的内容。

三、服装流行趋势的发布

服装流行趋势的发布是服装流行预测研究的核心内容和最终目标。以下介绍以法国、美国、日本为代表的三种流行发布形式：

1. 法国

法国服装流行趋势的研究预测工作是由一些协会进行。这些协会（如法国女装协会、法国男装协会及法国罗纳尔维协会等）在纺织、服装和商界之间架起了桥梁，使下游行业能及时了解上游企业的生产及新产品的开发情况，上游行业则迅速掌握市场及消费者的需求变化。协会组成的下属部门进行社会调查、消费调查、市场信息分析，在此基础上对服装的流行趋势进行研究、预测、宣传。流行趋势的信息发布一般分四个层次进行：

（1）大约提前 24 个月，首先由协会向纺纱厂推出有关流行色、纱线信息。

（2）大约提前 18 个月，由协会举办纱线博览会，会上主要介绍流行色、纱线特点及将要流行的面料趋势。

（3）大约提前 12 个月，举办衣料博览会，向服装企业推出面料流行趋势，同时服装企业向织造企业订货。

（4）大约提前 6 个月，由协会举办成衣博览会，向商界和消费者推出成衣流行趋势。

在世界范围内，较有影响的纱线博览会是英国的纱线展；衣料博览会则以德国法兰克福英特斯道夫最为著名；成衣博览会主要有法国巴黎的成衣博览会及意大利的米兰时装展等。

2. 美国

美国主要是通过商业情报机构如国际色彩权威，提前 24 个月发布色彩的流行信息，这些流行信息，主要是针对纺织或印染行业。美国的纺织上游企业根据这些流行情报及市场销售信息，提前 13 个月生产出一年后将要流行的面料，主动提供给下游行业，即成衣制造业的设计师。设计师设计一年后流行的款式时，第一灵感来自于面料商提供的面料，同时也根据市场信息作一些适当调整。

美国的一些成衣博览会是针对批发商、零售商和消费者的，它向商界和消费者宣布下季将流行何种服装。总之，美国是通过专门的商业情报机构对纺织品、服装的流行趋势进行研究、预测，纺织品的上下游企业自行协调生产。这种类型的商业情报机构除了国际色彩权威以外，还有美国本土的预测机构即美国棉花公司。美国棉花公司主要对服饰及家具流行的趋势作长期预测，在色彩及织布等方面具有权威地位。

3. 日本

日本是一个化纤工业特别发达的国家，这使日本以一个特有的方式进行服装流行趋势的研究预测。在日本较有实力的纺织株式会社（如钟纺、东洋纺、旭化成、东丽等公司）设有流行研究所或服装研究所。这些研究所的任务就是研究市场、研究消费者、研究人们生活方式的变化、分析欧洲的流行信息，并根据流行色协会的色彩信息，研究出综合的成衣流行趋势。这些纺织公司得出衣料流行趋势主题后，便在公司内部及有业务关系的中、小型上游企业中进行宣传，并生产出面料，举办本公司的衣料博览会，或参加全日本的衣料博览会，如东京斯道夫、京都的 IDR 国际衣料展，宣传成衣流行趋势，并向成衣企业推荐各种新面料。服装企业根据信息生产各类成衣，再通过日本东京成衣展或大阪国际时装展向市场或消费者提供流行时装。

四、服装流行的传播方式

传播是服装流行的重要手段和方式，如果没有传播就没有流行，也就不可能呈现出如此多样的着装风格。服装流行的传播主要有以下几种方式：

1. 大众传播媒体

所谓大众传播媒体是指服装研究机构通过传播媒介向公众传播服装的流行信息，让更多的、各种层次的人关心和了解服装流行趋势的发展变化。这种传播主要通过电视和出版物来实现，如电视台所有关于服装、流行、时尚的专栏节目，报道最新流行信息的期刊、报纸、书籍、幻灯片和录像带等。目前，世界上著名的时装杂志有《哈泼芭莎》(HARPER'S BAZAAR)、《时尚》(VOGUE)等，以宣传高级时装的最新信息为主。国内专门登载服装、纺织品流行信息的刊物主要有《服装设计师》《国际服装动态》《国际纺织品流行趋势》等，以大量的图片和文字信息记述了当前的和下一季的流行趋势、流行色的预测等（图 13-1）。

2. 广告宣传

除了定期出版的刊物，各种海报、招贴、宣传画也是流行传播的媒介。如各大商场门前或外部的巨幅时装海报，繁华街区道路两旁的服装广告灯箱等（图 13-2）。

3. 时装表演

时装表演是服装流行传播的手段之一，消费者通过观赏时装表演，能够对将要流行的服装趋势和特征有直观的了解，使服装流行的文化内涵与消费者的审美观念产生应有的共鸣（图 13-3）。

图 13-1　时装杂志

图 13-2　时装海报

4. 名人效应

　　社会名流由于其显赫的社会地位使得人们对他（她）们的穿着打扮分外注意，他（她）们在公共场合的打扮很容易起到广告宣传的作用，也使他（她）们自然成为服装流行的传播者和倡导者。如日本著名歌手滨崎步以其个性的穿着与打扮，曾在日本乃至整个东南亚创造出十种流行。

5. 影视艺术

电视、电影是一种娱乐载体，同时也是传播服装流行的有力工具，它以动态的方式演绎各种风格的流行服饰，以强大的视觉冲击力和感染力影响着人们的感受能力，并间接地影响着人们选择商品时的决定。因此，影视服装的艺术审美价值，在一定程度上也具有服装流行的导向性。

图 13-3　时装发布会

第三节　服装流行的主要内容

一、流行的内容

1. 面料

面料的流行主要体现在面料的成分、质地、制造、手感以及新技术所赋予面料的功能。面料以新颖为好，市场上从未见过的面料往往有很大的流行空间（图13-4）。

Cutout
切割镂空

2016春夏激光切割镂空，一方面是柔软蕾丝感镂空的形式；另一方面是帅气的硬朗风格。其中蕾丝感镂空，会选用带有民族风格的图案，在款式面料上进行切割镂空，或者是以拼接的方式来塑造镂空效果。而硬朗风格的切割镂空在面料上会选择仿皮革或者是薄款羊羔皮类的面料，进行镂空切割，切割出的几何形或是一些抽象图案都是值得参考的方向

Lace-like Cutout
蕾丝感镂空

图13-4　面料的流行发布

2. 辅料

辅料是扶持服装的绿叶，辅料主要强调的是其功能，而表露在面料外面的辅料具有相当的外观要求，因此是不可忽视的设计元素（图 13-5）。

Woven Tape Decoration
编织带装饰

主要以彩色拼接或经典黑白的形式出现，往往是在固定图案上挥洒艺术，与以往不同的是，这季在编织的基础上以编织带形成独特的流苏装饰，或斜洒不对称之美，或参差凌乱中彰显独特设计，或规整灵动凸显优雅气质，红黄色编织带拼接于镂空衬衫中在领口、袖口、胸前两侧位置大面积的呈现都体现了设计师的精致手工艺术，在快节奏引领时尚的今天，循环往复的潮流风格与"快时尚"相互碰撞，也形成独特的复古艺术之美

图 13-5 辅料的流行发布

3. 色彩

色彩对于服装的重要性已不用多说。国际、国内都有专门的流行研究机构，每年都在发布最新的流行色信息。有些人挑选服装的第一动因是服装的色彩印象。

4. 款式

在实用服装全部领域，该出现的款式差不多都已出现过了，所不同的仅仅是细微部分的变化。因此，要在实用服装上进行大的款式突破而又要被消费者接受，是相当不易之事。款式的流行更多的是在已有的传统款式内寻找与当今流行一致的款式。当然，细节的变化、材料的选择和色彩图案等设计元素的转换，仍将创造出崭新的产品。

5. 图案

设计圈里有一句戏言：当脑子里对款式失去感觉时，就用图案吧。图案是服装设计中非常活跃的元素，图案的题材、形式、色彩，其丰富性甚至超过服装款式，因此，大型品牌服装公司对每季图案的使用都非常重视，甚至开发独家使用的图案。图案的使用有许多文化内涵，尤其是带有文字的图案，往往是社会时尚的缩影（图13-6）。

图 13-6　图案的流行发布

6. 搭配

搭配是指服装与服装、服装与饰品之间的穿着搭配方式。同样的衣服，穿着或搭配的方式不同，其外观效果也不会相同。因此，服装的穿法或如何搭配，也会成为令人关注的流行内容。

7. 结构

结构即样板，俗称板型，是服装设计从图形变成实物的桥梁。结构的细微处理，可以体现出流行的特征，因此，结构有流行与非流行之分。一个好的服装结构有两层含义：一是合理性，即穿着舒适，线条处理科学；二是流行性，即该结构的廓型具有当前流行样板的特点。时代文化的特征会反映在服装结构上，或紧身，或宽松，跟随社会时尚而变化。

8. 工艺

工艺保证了产品的加工品质。工艺也有流行和落伍之分。工艺改革的亮点往往是一些品牌的资本，也是高品位消费者选购服装的要点（图 13-7）。

Crafted
Woven Button
工艺编织扣

东方元素的探索与运用，让工艺编织扣开始成为装饰扣的重点方向，主要借鉴中国盘扣的工艺处理以及线编效果，呈现一种东方元素与西方款式廓型的完美搭配，麦穗状的纽扣设计是经典的复古风与宫廷风的元素，而2017春夏我们主推中国风盘扣以及民俗风线绣扣的设计；经典的盘扣设计与金属扣结合或与金丝线做穿搭，民俗风线绣图案设计做盘扣的延伸方向，让装饰扣的设计元素更加丰富

图 13-7

图 13-7　工艺流行的发布

二、流行周期

所有的流行都有自己的生命周期，它不会突然产生，也不会突然灭亡，它的变化通常用一系列钟型的曲线来描述，可分为五个阶段：介绍期、成长期、鼎盛期、衰退期、消亡期，其中的每一阶段又可用销售曲线来表示。

1. 介绍期（Introduction）

设计师凭自己对时代潮流的理解推出具有创造性的服装款式和色彩，而后制造商结合流行面料向公众提供一种新的服装商品。巴黎的那些"最新时装"可能未被任何人接受，所以说这一时期的流行只是意味着时尚和新奇。

新款式都以高价格、小数量推出，目的是试探市场的潜力和顾客的接受能力，它开始于介绍期的最开始阶段，结束于单件新款数量的增加或因遭顾客拒绝而滞销。以创造性和对潮流的敏感性著称的设计师，通常可无限制地使用高品质的原材料和精美的制作工艺，因而生产成本较高。此外，介绍期的产品风险性较高，高价格的另一个目的是为了弥补其中失败款式的损失。在介绍期需要有一系列的产品推广活动，如设计师的现场介绍，专业的广告和时装展示发布会，社会名人的宣传等。

2. 成长期（Rise）

当某种新的款式被购买、穿着并被更多人看到时，就表示它有可能逐渐被更多人所接受，即流行进入成长期。在这一阶段显著的特征是新款服装在库数量的增加。

在成长期某种款式的流行可能通过驳样（复制）和改制而得以进一步扩大。一些制造商通过购买特许专制权进行生产，而后以较低的价格出售。而另一些制造商则用较便宜的面料和修改一些细节进行批量生产，然后以更低的价格进行销售。当一种新款被越来越多的顾客接受，一些设计师会对这种款式进行加强设计，来强调设计精神，如加强细部设计或采用面料种类的增加等。许多知名设计师或企业就是通过这种方法获得市场。成长期的促销和获利手段是具有平稳而有竞争力的价格，用丰富的种类和产品广告等吸引顾客。

3. 鼎盛期（Culmination）

鼎盛期是流行被广泛分布、广泛使用的大众化时期。消费者对它们的需求极大，以致许多制造商都以不同的价格水平驳样或改制流行服装，以使自己的产品更受欢迎，并以各种方式进行成批生产。鼎盛期持续的时间可长可短，因此商家进货具有风险，一些高档服装店已开始控制进货以减少库存。

流行的鼎盛期可通过两个方法延长流行时间：

（1）让流行的服装尽量具有经典风格。

（2）丰富细节设计、色彩和面料的种类。

4. 衰退期（Decline）

当相同款式的服装被大批量生产，以至于具有流行意识的人们厌倦了这种款式而开始寻求新的款式，这表明流行开始进入衰退期。此时的消费者仍会穿着这种款式的服装，但他们不再愿意以原价购买这种服装，有远见的商家会意识到鼎盛期已结束从而及早降价销售，生产商会及时停止生产这种款式的服装。代表流行前位的时装店在本期会及时放弃这种款式，而一般的零售商也会将这些服装放在降价柜上，以便尽快为新款式腾出空间。

5. 消亡期（Obsolescence）

当这种款式已没有流行的品位且无销售价值时，即说明流行到了消亡期。在这个阶段，以前流行过的款式只能在旧货店或跳蚤市场上可以见到。

第四节　服装流行色及其预测

一、服装流行色与常用色

1. 流行色

流行色的英文名称为"Fashion Color"，是指在一定时期的地区内，产品受到消费者普遍欢迎的几种或几组时髦的色彩和色调，它是一定时期一定社会的政治、经济、文化、环境和人们心理等因素的综合产物。流行色的雏形出现是20世纪后半叶的事情。第二次世界大战后，人们的日常生活有了很大的变化，城市街头着装色彩大多数为黑色或者浅淡素色，以表示对遇难亲属的追念和对世界和平的向往。黑色和浅素色成为当时社会的风尚。20世纪60年代，随着一些国家经济回升，市场商品的供应日趋丰盈，经济贸易交流日益活跃，消费者对商品的选择包括对色彩的选择有了更多的余地，商家也开始把色彩的变化作为寻觅商机的手段，这时的色彩流行就显露出来，并渗入到国际经济贸易中去，出现国际性的流行色彩。当今的流行色是在流行色协会的组织下，从事装饰色彩设计的专家根据国内外的市场消费心理和社会时尚，经过细致的研究，预测市场流通的变化，提前拟定并向产品的生产者推出的若干色相和相互搭配的色组。

流行色与人类生活衣、食、住、行各个领域息息相关，它是商品竞争的手段。曾经风靡一时的颜色，过一段时间就会被其他新兴、时尚的色彩所代替，不入时的色彩即使十分和谐或非常符合视觉规律，但美感也会大大削弱，失去其应有的魅力。一种颜色的流行，总要经过始发期、上升期、高潮期和消退期四个时期。高潮期也被称为黄金销售期，一般为1~2年。色彩的流行过程为3年，进入消退期后，取代它的流行色往往是它的补色，这样两个起伏就是6年，再加上中间交替过渡为1年，总的说来7年左右为1个周期。流行色不仅仅只用于服装，还在各个消费性工业和商业中使用，无论是建筑、交通工具、商业环境设计、室内设计、家用电器等，都会产生并可以使用流行色。流行色更适用于使用周期短而且易于翻新的物品，对于耐用商品推广流行色的可能性较小。

2. 常用色

在流行色中，并非所有的颜色都瞬息交替，在每次公布的新的流行色谱中，都可以发现上一个色谱留下的踪迹，只有半数颜色表现出"盛极必衰"的起伏。同时，还有一些是某些消费者长期习惯使用的基本色彩，它们的适应性广，所以可以多年保持不变，这些基本色彩被称为"常用色"，如黑色、白色、灰色、卡其色、咖啡色、牛仔蓝色等。流行色和这些常用色相互依存、相互补充、相互转化，它们之间没有绝对的分界线，因此，常用色是相对于流行色而言的（图13-8）。

图 13-8　常用色

常用色在一定范围内具有很强的适用性，可以在流行色起伏波动中产生相对稳定的一面，是使用面广、应用持续时间长的色彩。常用色的形成不是偶然的，它是一定范围内的人们在生活中经过多方面的甄选而自然地接受并采用的，是符合人们普遍接受的审美标准的色彩。常用色之所以被人们长期选用，首先，这些颜色具有很强的色彩调和能力，它们的纯度相对较低、色感沉稳，容易与其他颜色相协调，适于衬托各种鲜艳的色彩，是易于搭配的颜色；其次，大多数常用色的视觉效果柔和，不会像色感鲜明的颜色那样很快引起视觉与心理疲劳而被人厌倦。

以服装为例：

（1）从不同种类成衣的设计来看，内衣、衬衣等是使用周期较长的服装，款式是基本款，为了便于搭配，常用色的使用频率高于外面搭配的成衣，流行色反而较少。而作为外面穿着的成衣如外套等，这些成衣在流行色的使用方面比较多。

（2）从不同定位成衣的设计来看，年轻的顾客群体对流行讯息接受程度比较快，接受新事物的能力也比较高，所以对流行色敏感，而且定位于年轻的顾客群的成衣的销售价格相对来说较低，所以做这些成衣的色彩设计时可多增加流行色的分量。对于目标顾客群是中老年的品牌成衣来说，在颜色的使用上对流行色要非常慎重。

除此之外，常用色之所以稳定，也和民族习俗、生活方式乃至生理特性有着内在的联系。如牛奶黄、米色、咖啡色之所以在欧洲应用广泛，特别是毛衣、风衣、外套等使用非常普遍，就是因为这些色彩与白种人的肤色、发色极为的协调，同时也很容易和其他的颜色协调。

因此，认识流行色和常用色具有时间与空间的转化关系，作为反映市场消费心理变化的寒暑表，对流行色的预测将有很多帮助。

二、服装流行色的预测与发布

流行色的预测和发布，根本而言是以商业目的为动机的。预测所获得的流行色提案，是根据市场色彩的动向与流行专家的灵感预测，以大量的科学调查研究工作为基础。国际流行色预测是由总部设在法国巴黎的"国际流行色协会"发布，国际流行色协会各成员国专家每年召开两次会议，讨论未来 18 个月的春夏或秋冬流行色提案。协会从各成员国提案中讨论、表决、选定一致公认的三组色彩为未来季节的流行色，并进一步细分为男装、女装和休闲装流行色组块。

1. 目前国际上对流行色的预测基本上可分为两种方式

（1）日本式预测法：广泛调查市场动态，分析消费层次，进行科学统计测算法，如分不同年龄、经济条件、职业及需求组别进行统计分析、抽样等，有人称这种预测方法为"日本式"，属于消极预测，是用电脑处理成千上万的调查数据，根据流行规律推测出结果，事实证明，这种预测方法一般较少失误，厂家也乐于接受。

（2）直觉预测法：流行色专家采用的直觉预测法，是西欧国家的主要预测方法，特别是法国和德国专家，他们一直是国际流行色业界的先驱，他们对西欧的市场和艺术有着丰富的感受，以个人的才华、经验和创造力设计出代表国际潮流的色彩构图，这里包括对市场的超前预感和对色彩的敏感性，人为因素较大，属于积极预测，流行趋势逐渐呈现人为控制的局面。

2. 流行色预测方法的具体工作过程可以说是三部曲

（1）综合分析国际、国内的色彩动向：日本流行色协会根据消费者年龄的不同，分为四个组分别进行研究分析，46~47 组、33~37 组、20~22 组、7~9 组 4 个时代，通过对各个时代分别进行色彩的喜好调查，取得各"时代"的色彩喜好样本，并对结构进行深入细致的分析研究，获得最终的色彩趋势预测。

（2）分析历年和当前流行色资料：通过对本国历史和世界各地流行色资料的分析、研究，再根据当前的流行趋向，抓住苗头，作出判断。

（3）专家意见分析法：国际流行色协会每年二月和七月在巴黎召开各成员国色彩专家会议，各国专家介绍本国的流行色提案，通过评论，最后表决推荐国际流行色。各国根据流行色，再结合本国的情况进行选择，修订发布本国的流行色。

流行色预测的结果有三种表达方式：流行色卡、时装画报和织物样本。流行色卡专业性较强，简易明了，便于传播，并在世界范围内广泛采用。

三、流行色的发展规律

流行色的研究与预测是一个多层次的科学体系，既要专注视觉效果，又要抓住社会审美意识的倾向。如何把握好流行色的发展规律，要研究以下几点：

1. 色彩流行的时代性

当色彩被不同的时代精神风范赋予某种象征意义，并迎合了人们的认识、情趣、希望的时候，这些色彩就有流行的可能性，如21世纪，绿色环保思潮成为普遍的社会心理，自然清新的色彩便广泛得到人们的青睐，专家们预计，这种色彩趋势将可能平稳地继续延续下去，环保是永恒的主题。

2. 色彩的自然环境性

色彩学家普遍认为，色彩的流行与所处的自然环境有关。处于南半球的人容易接受自然的变化，喜欢强烈的色彩；处于北半球的人对自然的变化感觉比较迟钝，喜欢柔和的色调。人们长期在一种光源下生活，就产生了习惯与爱好。意大利人喜欢黄、红砖色，北欧人喜欢青、绿色，都和阳光偏色有关。人们习惯喜爱的色彩，当然容易流行起来。

3. 色彩的生理心理性

流行使视觉对某几种色彩长期关注之后，就会感到疲劳，会本能地向相反的方向转化，眼睛就会自觉地谋求某种色彩的补充。这种视觉规律指示着流行色必须经常变化，所变化的色彩一般是向相对应的方向发展。其趋势必须符合色彩视觉的生理平衡补充原理。从色彩心理学来研究，当一些色彩以区别于以往的色彩出现时，就会给人以新鲜的感觉。

4. 色彩的民族地区性

不同的地区历史、经济条件、文化观念差异，以及由此产生的气质、性格、爱好与生活方式对色彩的心理反应也不尽相同。如中国和东方各民族就视红色为喜庆、热烈、幸福的象征，是传统的节日色彩；信奉伊斯兰教国家就对绿色特别欢迎，被誉为生命之色；而在西方的某些国家，认为绿色有嫉妒的意思；黄色在中国封建社会被帝王所专用，但在信奉基督教的国家，黄色则被认为是叛徒犹大服饰之色，有卑劣可耻之意；伊斯兰教则视黄色是死亡的象征。日本人和欧美人在使用色彩上截然不同，日本人使用色彩常采用与自然融合，在多彩的春夏季，衣服也是多彩的，在少彩的冬季，衣服也是少彩的；而欧美人却相反，他们使用色彩采用与自然对立，在多彩的春夏季，衣服是少彩的，在少彩的冬季，衣服却是多彩的。因此，决定流行色必须考虑各种色彩在不同国家和民族所赋予不同的象征意义。

5. 色彩的流行周期变化性

色彩的流行周期变化是建立在生理和心理反映论的基础上，是用色彩知觉的一般规律来分析流行色的变化。根绝日本流行色协会研究，蓝色与红色常常同时流行，成为一波度，它们的补色橙色和绿色成为另一个波度，合起来是一个大约为七年的周期。而这又与人的生物规律相符合，人的生态正是每七年一次总代谢。流行色的高潮即新鲜感时期大约是一年半，交替期是三年半左右，会出现黑、白、灰等暧昧的中性配色。

参考文献

［1］ 王晓威. 服装设计风格［M］. 上海：东华大学出版社，2012.

［2］ 陈燕琳，袁公任，等. 服装色彩与材质设计［M］. 北京：中国纺织出版社，2008.

［3］ 陈彬，彭灏善，等. 服装色彩设计［M］. 上海：东华大学出版社，2012.

［4］ 李彦. 服装设计基础［M］. 上海：上海交通大学出版社，2013.

［5］ 刘晓刚. 品牌服装设计［M］. 上海：东华大学出版社，1915.

［6］ 张星. 服装流行学［M］. 北京：中国纺织出版社，2015.

［7］ 胡迅，须秋洁，陶宁，等. 女装设计［M］. 上海：东华大学出版社，2011.

［8］ 刘小刚. 基础服装设计［M］. 上海：东华大学出版社，2011.

［9］ 李克兢，李彦，等. 服装专题设计［M］. 上海：上海交通大学出版社，2013.